JN273688

改訂3版

数理工学のすすめ

編集 | 京都大学工学部情報学科
     | 数理工学コース

現代数学社

まえがき

　月刊誌『理系への数学』に2年余り続いた『数理工学のすすめ』の連載が1999年末をもって一段落したのを契機として，その内容をまとめ単行本として出版することにしました．この連載の目的は，京都大学工学部情報学科数理工学コースで学部学生の教育を担当しているスタッフがそれぞれの専門に関する事柄をできるだけ分かりやすく解説することによって，数理工学とはどのようなことを研究する分野なのかということを，これから大学に進学しようとしている人たちに紹介することでした．そのような目的で書かれた文章なので，難しい表現は避けていますが，内容は多岐にわたっており，受験生だけでなく，一般の読者の方々にも興味を持って読んでいただけたのではないかと思います．

　数理工学は，電気工学，機械工学，土木工学，化学工学などの工学の諸分野にとどまらず，経済学や経営学などの社会科学などにも共通して使うことができる方法を創り出す学問分野です．例えば，数理工学ではシステム・アプローチという考え方をよく用います．具体的なシステムには，交通システム，通信システム，化学プロセスシステムなど，実に様々なものがあります．伝統的な工学では，それらを交通工学，通信工学，化学工学といった枠組みのなかで固有の方法を用いて取り扱うのですが，数理工学では，それらを様々な方程式や不等式などを用いて数学モデルに表したうえで，その数学的な性質に着目し，そのモデルに適した方法を用いて取り扱います．数学モデルでは，問題の出自に関らず，数学的に共通の性質があれば，それらに対して同じ方法を使うことができるのです．このような数理工学の幅広さと面白さを，執筆者ひとりひとりの文章からいくらかでも感じ取っていただくことができれば，私たちにとってこれに勝る喜びはありません．

　なお，本書の出版は京都大学工学部数理工学科の設立40周年記念事業の一環として企画されました．関係各位のご協力に深く感謝いたします．また，現代数学社の富田栄氏には，連載の企画から単行本の出版に至るまで，ひとかたならぬお世話になりました．最後になりましたが，ここに厚くお礼申し上げます．

1999年12月

京都大学工学部情報学科
数理工学コース担当スタッフ一同
http://www.kuamp.kyoto-u.ac.jp/

改訂版　まえがき

　「数理工学のすすめ」が世に出てから5年が経過し，京都大学工学部数理工学科創立45周年を迎え，このたび「数理工学のすすめ　改訂版」を発刊することになりました．新しい数理工学コース担当スタッフによるページとの入れ替えを行うと同時に，この機会に全面改定したページもあります．この間，「数理工学のすすめを読んで興味をもち受験しました」という新入生の志望動機を聞くことが度々ありました，大手出版社から書類の出版もあったようです．

　高度情報化社会においては数理工学が一層の存在感をもつことは間違いありません．さあページを開いて現代の数理工学の眺望をお楽しみ下さい．

2004年10月

京都大学工学部情報学科
数理工学コース

改訂3版　まえがき

　2009年に，京都大学工学部数理工学科創立50周年を祝う数理工学50周年記念行事が開催されました．国家戦略構築の構想力や生命を解明する試みなど，数理工学が現代に果たす役割を再認識する集会となりました．このように50周年という節目の年を越し，また「数理工学のすすめ」の改訂版出版から6年あまりを経たことから，新版を企画することになりました．数理工学コースにも新任教員が増えており，現職教員の記事を集めて改訂版のページを入れ替えております．

　問題を正しく分析理解する，解決する手段を生み出す，のぞましい振る舞いを実現させる，といった数理工学のもつ力は，来るべき時代においても重要な位置を占めると思います．数理工学の魅力を感じ取る一助になれば幸いです．

2011年1月

京都大学工学部情報学科
数理工学コース
http://www.s-im.t.kyoto-u.ac.jp/mat/ja

目　次

まえがき

第1章　解決策を生み出す

1. 最適化は問題解決のキーワード　福島 雅夫 …………………………… 2
2. 離散最適化の面白さ　永持 仁 ……………………………………………… 7
3. 生活の知恵から科学へ－最短路を考える－　趙 亮 …………………… 12
4. シミュレーションと最適化　山下 信雄 ………………………………… 17
5. 確率を用いた最適戦略
　　　－条件付き確率とマルコフ連鎖への誘い－　笠原 正治 …………… 23

第2章　システムを操る

1. 微分方程式と制御　山本 裕 ……………………………………………… 30
2. システム制御と数理　太田 快人 ………………………………………… 35
3. 安定性・安定化・ロバスト安定化　藤岡 久也 ………………………… 40
4. 最適制御　鷹羽 浄嗣 ……………………………………………………… 44
5. 情報システムにおける数理　高橋 豊 …………………………………… 49
6. 信号処理の通信への応用　酒井 英昭 …………………………………… 54
7. 無線通信の速度　林 和則 ………………………………………………… 58

第3章　複雑な現象にせまる

1. ゆらぎの数理　五十嵐 顕人 ……………………………………………… 64
2. 神が采を投げずとも
　　　－コイン投げ・カオス・大きなゆらぎ－　宮崎 修次 ……………… 69
3. カオスとその利用・制御　船越 満明 …………………………………… 73
4. 波の伝播と非破壊評価　吉川 仁 ………………………………………… 79
5. 確率論の活用法　田中 泰明 ……………………………………………… 83

6．脳の数理モデル
　　－生命が獲得した情報処理のしくみ－　青柳 富志生 ……………88

7．生命，情報，そして数理　大久保 潤 ……………………………93

第4章　数理構造を解明する

1．猫だからする数学　岩井 敏洋 ………………………………… 100
2．ソリトン－数理物理と計算機をつなぐ新しい波－　辻本 論 ……… 104
3．行列の特異値分解法の革新をめざして　中村 佳正 ……………… 109
4．行列の掛け算の規則を奇妙だと感じたことがありますか？　田中 利幸
　　………………………………………………………………………… 115
5．計算力学と数理
　　－境界要素法と高速多重極法とを通して－　西村 直志 …………… 122

第 1 章

解決策を生み出す

① 最適化は問題解決のキーワード

福島　雅夫

1. 数学を勉強してお金持ちになろう

「う～んっ，どうして数学でこんなに苦しまなくちゃならないんだ．ベクトルだの微分だの，役に立ちそうもないことばかり勉強して何になるんだろう．世の中で生きていくには，足し算と掛け算くらいができればそれで十分じゃないか．」

数学に苦しめられている多くの受験生の率直な気持ちはこのようなものでしょう．確かに，大抵の人たちにとっては，数学というのは受験のために存在しているようなもので，学校を卒業すればベクトルや微分とはまったく無縁になってしまうのも事実です．しかし，数学を勉強すればお金持ちになれるかも知れないとなると，勉強に対する意気込みもちょっと違ってくるのではないでしょうか．ここでは，数学を使ってお金持ちになる方法を読者の皆さんだけにそっとお教えしましょう．え？

「じゃ，あなたはさぞや裕福な暮らしをしてるんでしょうね．」

ですって？むむ，なかなか鋭い指摘ですね．は，は，は…

ま，そのことはあまり深く追求しないで，さっそく本題に入りましょう．

2. 線形計画問題

ここからお話しするのは，いわゆるファイナンスの問題，特に株式や債券に投資してあなたの資産を増やすにはどうすればよいかという問題です．さて，いまあなたの銀行口座に100万円の貯金があるとしましょう．新聞の株式欄を見ると株式市場には数え切れないほどの会社の株式が上場されていますが，ここでは話を簡単にするため，あなたの所持金100万円をA社とB社の2つの株式に投資することを考えましょう．

A社株とB社株の現在と1ヶ月後の1株あたりの価格は次のように与えられるとします．

	現在の株価	1月後の株価
A社	100円	確率1/2で100円 確率1/2で130円
B社	200円	確率1/2で210円 確率1/2で230円

もちろん1ヶ月後の株価は正確に分からないので，ここでは確率いくらで何円になるというふうに考えています．例えばA社株については，今の時点では半々の確率で株価が変化しないか30円上がるかの2つの場合が起こるとしています．もっと詳しく10円上がる確率はいくら，15円上がる確率はいくら，あるいは5円下がる確率は，というふうに考えることもできますが，話を簡単にするため，できるだけ単純な仮定のもとで話を進めていきます．

さて，購入するA社株の数をx，B社株の数をyとおいて，"最適な"xとyを求める問題を"数理的に"表現してみましょう．ただし，株はふつう千株を単位として取り扱うので，例えば$x=3$はA社株を3,000株だけ購入することを表すものとします．そのとき，A社株に投資する金額は

$$100(円/株) \times 1,000x(株) = 100,000x(円)$$

B社株に投資する金額は

$$200(円/株) \times 1,000y(株) = 200,000y(円)$$

と表せますが，この合計は現在の所持金1,000,000円以下でなければならないので，

$$100,000x + 200,000y \leq 1,000,000$$

すなわち

$$x + 2y \leq 10 \qquad (1)$$

第1章　解決策を生み出す

が成り立ちます．

次に，1ケ月後に投資額がいくらになっているかを計算してみましょう．未来のことは分からないので確定的なことはいえませんが，A社株とB社株から得られる利益の期待値（単位：千円）はそれぞれ

$$\frac{1}{2}(100x - 100x) + \frac{1}{2}(130x - 100x) = 15x$$
$$\frac{1}{2}(210y - 200y) + \frac{1}{2}(230y - 200y) = 20y$$

と計算されるので，その合計は

$$15x + 20y \qquad (2)$$

となります．したがって，購入量 x, y を変数とし，(1)式が成り立つという条件のもとで，(2)式の値が最も大きくなるように，x, y の値を決めればよいと考えられます．

上に述べた問題は次のようにコンパクトに表現すると便利です．

$$\text{目的関数}: 15x + 20y \to 最大$$
$$\text{制約条件}: x + 2y \leq 10 \qquad (3)$$
$$x \geq 0, \ y \geq 0$$

ここで，最後の式は株式の購入量は0以上でなければならないことを表しています．この問題に含まれる式はすべて変数（購入量）x, y に関して1次（線形）であることに注意して下さい．最大化しようとする $15x + 20y$ を**目的関数**，変数 x, y が満たすべき条件を**制約条件**と呼びます．また，この問題のように線形の制約条件のもとで線形の目的関数を最大化（あるいは最小化）する問題は**線形計画問題**と呼ばれています．

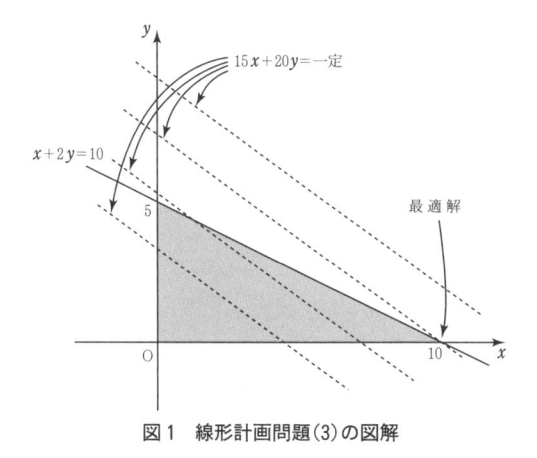

図1　線形計画問題(3)の図解

(3)式の問題は変数が2つだけなので，図を使って解くことができます．図1は，変数 (x, y) の平面上に，制約条件を満たす領域（これを**実行可能領域**と呼びます）を▨で表し，目的関数の等高線（$15x + 20y = $一定）を破線で表したものです．図1から，実行可能領域のなかで，目的関数が最大となるのは点 $(x, y) = (10, 0)$ であることが分かります．$(x, y) = (10, 0)$ をこの線形計画問題の**最適解**と呼びます．これはA社の株を10,000株購入すれば（つまりA社株に所持金100万円をすべて投資すれば）得られる利益の期待値は15万円であり，制約条件を満たす他のすべての (x, y) の組合せに対する利益の期待値よりも大きいことを示しています．このことは，それぞれの株式に対して株価上昇の期待値を現在価格で割った値，すなわちA社株に対する $(115 - 100)/100 = 0.15$ とB社株に対する $(220 - 200)/200 = 0.1$ を比較すると，A社株の方が大きいことからも自然に導かれる結論です．

上に述べた線形計画問題は変数が2つだけなので，図を使って最適解を求めることができました．しかし，実際に株式市場に上場されている銘柄をすべて考えようとすれば，変数が数百あるいは数千も含まれる問題を解かなければなりません．また，制約条件にしても，例えば「電機関係の会社の株式に最低50万円は投資するのが望ましい」といったものを考える必要がでてくるかも知れません．このような制約条件もやはり線形の不等式を用いて表すことができるので，問題が線形計画問題であることに変わりはないのですが，そうなると，もはや図を使う方法では取り扱えないのは明らかでしょう．そのような多くの変数や制約条件をもつ問題はどうやって解けばよいのでしょうか？

線形計画問題に対する最初の計算法（アルゴリズム）はアメリカの数学者ダンツィグ（G. B. Dantzig）が1947年に考案した**シンプレックス法（単体法）**と呼ばれる方法です．この方法は単純な四則演算と大小比較の繰り返しから成っていますが，大量のデータを処理するのに適していたため，当時はまだ世の中に登場したばかりであったコンピュータの飛躍的な発展ともあいまって，現実の様々な問題を解決する方法として広く使われるようになりました．また，1984年には**カーマーカー**（N. Karmarkar）が

内点法と呼ばれる新しいアルゴリズムを発表し，シンプレックス法よりも短い計算時間で大規模な線形計画問題を解くことができることを示しました．シンプレックス法や内点法の具体的な計算法については，紙面の都合でここでは述べることはできません．どのようにして問題を解くかに興味のある読者は，参考文献にあげた拙著[1]を参照して下さい．

3. 非線形計画問題

前節の例題に対して得られた結論は，株価上昇の期待値を現在価格で割った値が大きいA社株に投資すれば1ヶ月後の利益の期待値が15万円と最大になるというものでした．それでは，あなたは所持金100万円をすべてA社株に投資する道を選びますか？ちょっと待てよ，と考えるのではないでしょうか．

A社株に投資して得られる15万円の利益はあくまで期待値であって，実際にそれだけの利益が得られるという保証はありません．1ヶ月後にA社株が100円のままである可能性も大いにあるのです．それならB社株を5,000株（100万円）買っておくほうがよかったのに，ということになりますが，どの株をいくら買うかを決定する時点ではもちろん1ヶ月後のことは分かりません．このような将来の不確実さにはどう対処すればよいのでしょうか．

1ヶ月後のA社株とB社株の株価についてもう少し詳しく調べてみましょう．前節で見たように，株価上昇の期待値を現在価格で割った値を計算すると，A社株は0.15，B社株は0.1となり，A社株が上回っています．しかし，実際の株価に着目すると，A社株の上昇率は$(100-100)/100=0$または$(130-100)/100=0.3$のいずれかであり，B社株は$(210-200)/200=0.05$または$(230-200)/200=0.15$のいずれかですから，A社株に比べてB社株は株価の変動幅が小さく，むしろ着実に利益を上げる可能性が大きいと考えることができます．この性質をうまく利用すれば，A社株とB社株をうまく組み合わせることによって，株価の期待値は多少低くても，より安全性の高い投資を実現することができるのではないでしょうか？

安全性を測る尺度としては，得られる利益の分散を用いるのが便利です．ただし，分散は，得られる利益のばらつきの大きさを意味するので，むしろ投資のリスク（危険）の大きさを表すものと考えます．したがって，実際の投資においては，利益の期待値が大きく，しかも分散が小さいことが望ましいと考えられます．

それでは，上の例において，A社株とB社株にそれぞれx,yだけ投資したときの利益の分散を計算してみましょう．前節で求めたように，A社株とB社株から得られる利益の期待値は各々$115x,220y$なので，利益の分散は

$$\frac{1}{2}(100x-115x)^2+\frac{1}{2}(130x-115x)^2=225x^2$$
$$\frac{1}{2}(210y-220y)^2+\frac{1}{2}(230y-220y)^2=100y^2$$

となります．よって，全体の利益に対する分散は

$$225x^2+100y^2$$

で与えられます．

したがって，利益の期待値をある一定の値（それをrとします）以上に保ったうえで，できるだけ分散が小さくなるような投資を実現する問題は次のように表すことができます．

$$\begin{aligned}&\text{目的関数}：225x^2+100y^2\to\text{最小}\\&\text{制約条件}：15x+20y\geq r\\&\qquad\qquad\quad x+2y\leq 10\\&\qquad\qquad\quad x\geq 0,\ y\geq 0\end{aligned} \quad (4)$$

期待値を最小化する問題であった前節の問題(3)とは異なり，問題(4)は分散を表す目的関数を最小化する問題になっています．また，最初の制約条件は利益の期待値がr以上であることを表していますが，ここではrは問題の変数ではなく，パラメータ（媒介変数）の役割を演じています．すなわち，パラメータrの様々な値に対して問題(4)を解いて(x,y)を求めることにより，利益の期待値をr以上としたときに達成できる分散（リスク）最小の投資が求められるという訳です．

計算の詳細は省きますが，この例においては，rが$100\leq r\leq 750/7$の範囲では最適解は$x=r/75,\ y=r/25$となり，$750/7\leq r\leq 150$の範囲で

は $x=r/5-20$, $y=15-z/10$ となります．

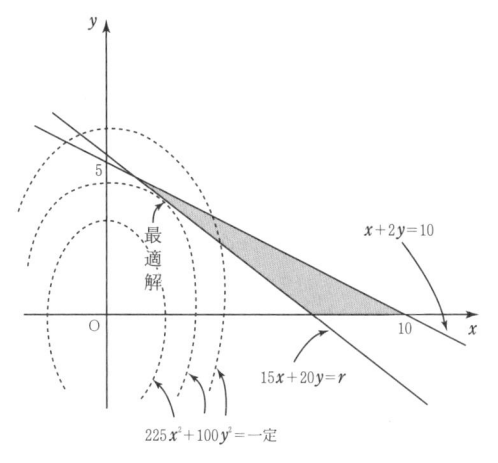

図2 非線形計画問題(4)の図解
（$100≦r≦750/7$ のとき）

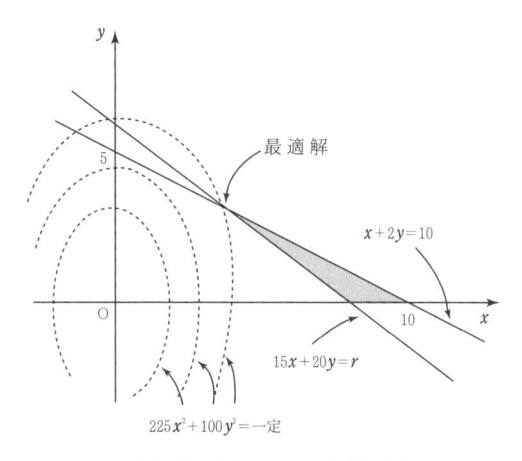

図3 非線形計画問題(4)の図解
（$750/7≦r≦150$ のとき）

　図は問題(4)を図示したものです．図2は $100≦r≦750/7$ の場合，図3は $750/7≦r≦150$ の場合であり，前節の図1と同様，■の領域は実行可能領域を，破線は目的関数の等高線を表しています．線形計画問題の場合とちがって，この問題では目的関数は線形ではありません．実際，上の図でも目的関数の等高線は直線ではなく，曲線になっています．

　このように，目的関数が線形でない問題を**非線形計画問題**と呼びます．正確にいえば，目的関数に限らず，制約条件のなかに線形でない関数が含まれているような問題もすべて非線形計画問題とみなします．また，上の問題の目的関数は2次関数なので，特に**2次計画問題**と呼ばれています．2次計画問題は特別な非線形計画問題です．一般の非線形計画問題を解くのは線形計画問題と比べて格段に難しいのですが，2次計画問題は例外で，線形計画問題の解法であるシンプレックス法や内点法を拡張した効率的なアルゴリズムが開発されています．ただし，ここで「解く」というのはコンピュータを使って最適解を計算することを意味しており，上の例のように図や手計算で解を求めるということではありません．

　この節で説明した問題はポートフォリオ選択の平均・分散モデルと呼ばれ，数百におよぶ銘柄の株式や債券を対象とする投資家にとって最も基本的な問題と位置づけられています．

4. 整数計画問題

　ここでもう一度，2節で考えた線形計画問題に登場してもらいましょう．

目的関数：$15x+20y→$最大
制約条件：
$$x+2y≦10$$
$$x≧0,\ y≧0$$
(5)

いま，株の売買は必ず1,000株単位で行われるものとすれば，この問題において変数 x, y の取りうる値は整数でなければならないはずです．この問題では，変数の値を整数に限定しなくても最適解は $x=10$, $y=0$ となり，整数という条件は満たされていました．しかし，これは必ずしも常に成り立つ性質ではありません．それを見るために，3つの変数 x, y, z をもつ次のような問題を考えてみましょう．

目的関数：$10x+7y+5z→$最大
制約条件：$5x+4y+3z≦7$ (6)
$x≧0,\ y≧0,\ z≧0$

ここで，各変数に対して目的関数の係数と制約条件の係数の比を計算してみると $10/5=2$，$7/4=1.75$，$5/3=1.67$ となるので，それが最大である変数 x のみが正の値をとり，それ以外の変数 y, z はすべて0とした $(x, y, z)=(7/5, 0, 0)$ がこの線形計画問題の最適解であることが容易に確かめられます．直感的には，この最適解

5

の小数以下を切り捨てて得られる $(x, y, z) = (1, 0, 0)$ が，変数の整数条件を付け加えた問題

$$\text{目的関数}: 10x + 7y + 5z \to \text{最大}$$
$$\text{制約条件}: 5x + 4y + 3z \leq 7 \quad (7)$$
$$x \geq 0, y \geq 0, z \geq 0$$
$$x, y, z \text{ は整数}$$

の最適解となると予想されます．しかし，その直感は残念ながら正しくありません．実際，$(x, y, z) = (1, 0, 0)$ のとき目的関数の値が10であるのに対して，$(x, y, z) = (0, 1, 1)$ とすれば問題(7)の制約条件をすべて満たし，さらに目的関数の値も10より大きい12となっています．

問題(7)のように変数の値を整数に限定した問題は**整数計画問題**と呼ばれています．整数計画問題は一見すると線形計画問題によく似ていますが，上の例で見たように，変数の値を整数に限定した場合と，変数の値を実数とした場合では，得られる最適解は必ずしも近いとはいえません．また，最適解を計算する立場から見ても，両者の難易度はまったく異なります．変数の値が整数に限られていれば，可能な組合せをすべて数え上げることにより問題が解けてしまうので，整数計画問題は簡単な問題かと思われるのですが，変数の数が多いときには数え上げの数が膨大になるので，実際は線形計画問題よりも解くのがはるかに難しい問題になってしまうことが知られています．

5. おわりに

これまで見てきたように，一口に投資の問題といっても，それを数理的に取り扱うにはいろいろな考え方があることがお分かりになったことと思います．もちろん，ここで紹介した考え方はごく一部であり，現実の多様な要因を考慮に入れた問題（モデル）や解法が数多く提案されています．このような数理的なアプローチは**最適化**というキーワードのもとに，投資の問題に限らず，現実のさまざまな問題を解決する手段として用いられています．

実際の問題解決においては，問題をどのように設定するか，何を目的とし，どのような条件のもとで考えるかといった，いわゆる**モデル化**（モデリング）が大変重要です．それによって，得られる解の意味も変わってくるからです．さらに，実際にコンピュータを使って問題を解くために，どのような**アルゴリズム**を用いるかということも大切な事柄です．ここで紹介した線形計画問題や非線形計画問題あるいは整数計画問題を含む様々な**最適化問題**に対して，多くの変数をもつ問題をいかに速く正確に解くかという立場から活発な研究が進められています．

参考文献
[1] 福島雅夫：「数理計画入門」，朝倉書店，1996

（ふくしま　まさお）

京都大学工学部情報学科数理工学コースのホームページはhttp：//www.s-im.t.kyoto-u.ac.jp です．

②

離散最適化の面白さ

永持 仁

はじめに

離散最適化問題とは，与えられた条件を満たす組み合わせの候補の中から最適なもの（利得を最大，あるいは費用を最小にするもの）を見つけ出すことです．n 個の物の並べ方は $n!$ 通りあり，n 個から何個でも自由に選ぶ組み合わせは 2^n 通りあります．でも n が少し大きくなると（$n = 30$ 程度でも）スーパーコンピュータでこれらを一つずつ調べることはできなくなります．今日は，パズルに仕立てた三つの問題を例にとり，問題がしらみつぶしによらずに解ける一つの数学的仕組みについて紹介しましょう．以下，説明に使う例はとても小さいですが，考え方自体は大規模な例を思い描いても通用することを確かめてください．

点と線への抽象化

物と物のつながりや順序関係を抽象的に取り扱うために，物を点に，二つの物同士のつながりを 2 個の点を結ぶ線に置き換えます．以下では線を**枝**と呼びましょう．このように点の集まりと枝の集まりだけから成るものを**グラフ**と言います．図 1(a) はグラフの例です．順序関係を表すため図 1(b) の矢印のように，枝に向きをつけて，**有向グラフ**と呼ぶこともあります．グラフのもつ面白い性質を紹介する前に次節でパズルの問題からグラフが作られる様子を見ておきましょう．

パズル三題

畳パズル 図 2(a) や (b) のような正方形のタイル

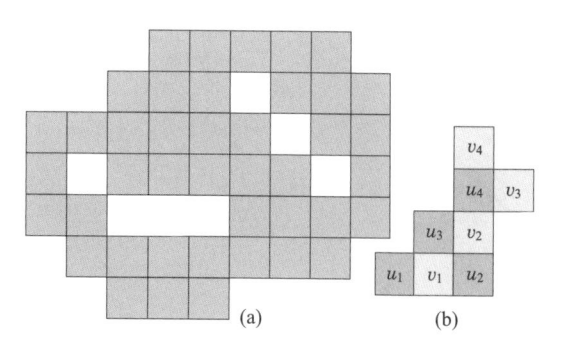

図 2. (a) 42 枚のタイル（灰色）から成る床パターンの例．内部の白色部分は 5 か所の穴を示す（ここにも畳がはみ出してはいけない）．(b) 8 枚のタイルの床パターンの例．

を何枚か並べた床パターンがあるとします．そこに，タイル 2 枚分の大きさの畳をできるだけ多く敷いてください．敷き方のルールは，畳同士が重ならないことと，タイルの上以外にはみ出ないことです（畳の向きは縦横どちらでも ok）．図 2(b) には 3 畳敷けますが，あなたなら 4 畳敷けますか（図 3(a) 参照）．図 2(a) の床パターン上に何畳まで敷くことができるか，実際に鉛筆を手にとってやってみてください．きれいに敷き詰められない場合，自分の答えが畳の数を最大にする「正解」であることをどう確認すればよいでしょうか．今日は，畳の敷き方を全通り試さなくてもよい方法をお話しします．その準備として，床パターンを次の要領でグラフに抽象化しておきます．各タイルをグラフの点に置き換え，縦並びか横並びで隣り合う 2 枚のタイルに対応する 2 点を枝で結ぶ．例えば，図 2(b) からは図 1(a) のグラフができます．図 1(a) を図 4(a) のように描き直すと，左右の間にのみ枝をもつ二部構成になっていますね．これは，床パターンを市松模様に塗り分けると，同じ色のタイルは縦・横で隣り合わないことから分かります．さて，畳を敷く話は，グラフでは枝

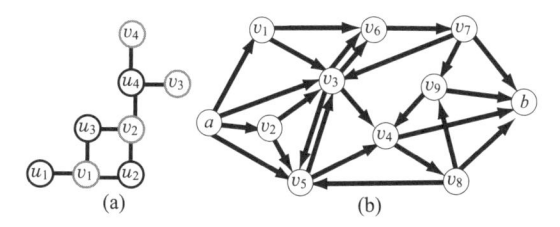

図 1. (a) グラフの例（点は円で描いてある）．(b) 有向グラフの例．

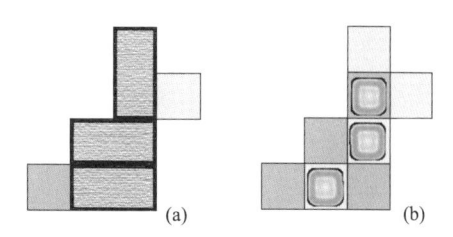

図 3. (a) 畳の敷き方の例．(b) 座布団の置き方の例．

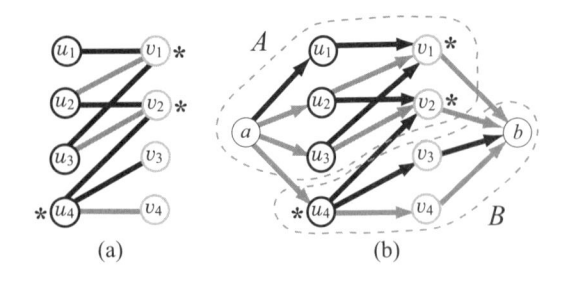

図4. (a) 二部構成になっているグラフ. (b) 2点 a, b を加えた有向グラフ.

を選ぶ話になります. ただし, 畳同士が重ならないというルールに対応して, グラフでは選んだ枝同士が接しないという条件を守ります.

座布団パズル 今度は, 床パターンに座布団を置くパズルを紹介します. 置き方のルールは, 座布団の置かれなかった空きタイル同士が縦や横の並びで隣り合わないことだけです (空きタイルが斜めに並ぶのはよい). 目標は必要な座布団の枚数を最小にすることです. 図2(b) には座布団 3 枚あれば足りますが, 2 枚で足りるでしょうか (図3(b) 参照). さて図2(b) の床パターンで座布団を置く話は, 図4(a) のグラフでは点を選ぶ話になります. 今度は, 空きタイルが隣り合わないというルールに対応して, グラフでは選んだ点の集まりはすべての枝に接する (どの枝も選ばれた点のどれかに接している) という条件を守ります.

畳パズルと座布団パズルとの間には次の面白い関係があります. 同じ床パターンではルールを守って畳, 座布団を置く限り「敷ける畳の数は, 置ける座布団の枚数を超えない」のです. この理由は宿題にしておきますのでじっくり考えてみてください. すると図2(b) の床パターンには畳が3畳, 座布団3枚置けますが, これはどうやっても畳を4畳敷けないことを意味しています. つまり 3 畳は正解と主張できるわけです.

長方形パズル ここでは床パターンを長方形へ分解します. どうしたら図5(a) の図形をできるだけ少ない個数の長方形に分解できるでしょうか? ただし, タイルの合わせ目 (点線) に沿ってのみ切断すること. 長方形はタイル何枚分でも (1枚でも) 形が長方形ならかまいません.

図5(a) には凹んだ角が c_1 から c_{13} まで 13 個あります. 長方形に凹みはありませんから, 裁断しながら凹みをなくす必要があります. 例えば, c_{10} を通る垂直線分で図形を左右に分割すると, c_{10} のあった場所は, 左右どちらの図形においても凹みではありませんので, 全体で凹みの数が 12 個に減ります. このように, 凹みを通る垂直あるいは水平線分を使って, 裁断を続けていけば, 最後に長方形だけになります. 1 回の裁断で, 図形が 1 個増えるので, この図形の場合, 13 回の裁断で 14 個の長方形に分割できる計算になります.

しかし, 図5(a) の図形をよく見ると, c_{13} と c_1 の両者を通る水平線分を使えば, 1 回で 2 個の凹みをなくすことができます. このような線分を「一石二鳥線分」とでも呼びましょう. そうです, 一石二鳥線分をできるだけ多く使えば, それだけ最後にできる長方形の数を減らせるのです.

図5(a) の例では図5(b) に示すように全部で 8 本の一石二鳥線分がありますが, 一石二鳥の効果を保つには使い方に注意が必要です. 例えば, 線分 $c_{13}c_1$ と線分 $c_{13}c_{11}$ のように 2 本の一石二鳥線分が同じ凹みの点を共有しているときは, 先に使うほうにしか一石二鳥の効果がありません (2 本目を使うときにはその凹みはなくなっているので). それと, 線分 $c_{13}c_1$ と線分 $c_{12}c_2$ のように図形内で交点をもつ場合も先に使うたほうにしか効果がありません (あとに使うほうは 2 個の図形にまたがることになり, そのまま裁断すると図形を 2 個増やすため). 以上から, 8 本の一石二鳥線分の中から, 互いに共有点をもたないように線分を選び, その本数を最大にすればよいことになります.

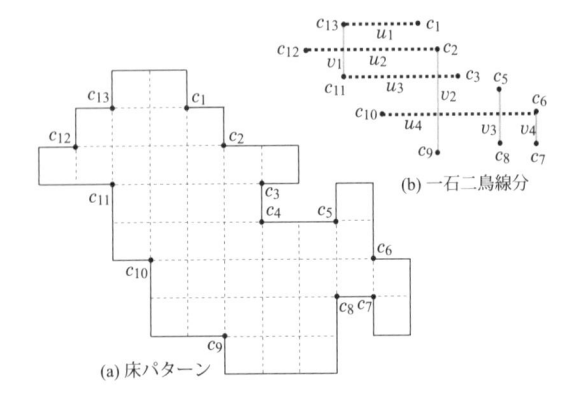

図5. (a) 長方形パズルの例. (b) すべての一石二鳥線分 $u_1, u_2, u_3, u_4, v_1, v_2, v_3, v_4$.

そこでこの状況をグラフで表してみましょう．一石二鳥線分をグラフの点に置き換え，共有点をもつ2本の一石二鳥線分に対応する2点を枝で結ぶ．図5(b) の例からは図4(a) で見た同じ二部構造のグラフが得られます．互いに共有点を持たないように一石二鳥線分を選ぶということは，作ったグラフでは，互いに隣り合わないように点を選ぶことになります．

使えるグラフ連結度

前節の三題のパズルは，グラフの上で枝あるいは点を最適に選ぶ問題になっていることが分かりました．ここからは，グラフという抽象的な世界の中で「連結度の秘密」を探っていきます．図1(b) のような有向グラフで，点 a から枝をたどって点 b へ到達できるかを考えましょう．どの枝もその向きに沿ってのみ通過できるとします．すると，この問いは，a から b へ至る1本の路（向きのそろった一列の枝の並び）があるかどうかをを尋ねています．

図6の有向グラフでは，a から b へ到達することができませんね．でもそのことをはっきり示すにはどうしたらよいでしょう．図6に描いてあるように，a から枝をたどって到達できる点の集まり A を見つければよいのです．それには，a に印を付けたあと，印の付いている点から枝で移れる先の点に印をつけることを印の付く点が増やせなくなるまで続ければよい．図6では白の円で描いた点が a から到達できる点です．残りの点の集まりを B とすると，もはや A の中の点から B の点へ向かうような枝はないはずです．A と B の間にあるこの特別な境目は，点 a から点 b への路は取りようがないことの証拠になっていますね．

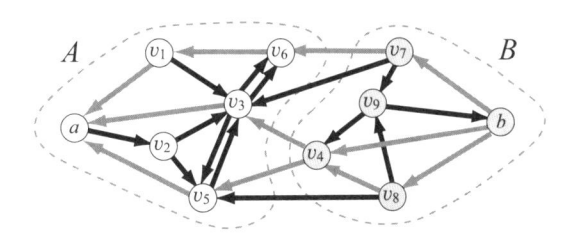

図6. 点 a から到達できない点（灰色）をもつ有向グラフ．

では a から b へつながっているかだけでなく，

今度は「つながりの強さ」として a から b へ連結度を定めてみましょう．

<u>考え方1</u>：枝を何本通行禁止にすれば，点 a から点 b への路を取れなくすることができるかで決めよう．そこで全体の点の集まりを二つのグループ A, B に分け，その間の境目に着目する（ただし，a は A に，b は B に含まれるようにする）．すると A から B へ向かう枝をすべて通行禁止にすると，点 a から点 b への路が取れなくなりますね．このような枝の選び方をカットと呼び，あらゆるグループ分けの作るカットのうちで，カットに選んだ枝の本数の最小の値を mincut(a,b) と書こう．

<u>考え方2</u>：a から b への路がないとき a から b への連結度は0と考えよう．a から b への路があるときは，そのような路を重なりなく取ったときの本数で決めよう．ここで，重なりなくの意味は，同じ枝を2本以上の路が使わないこととする（点の共有は ok）．図1(b) の例で $a \to v_1 \to v_3 \to v_4 \to b$ の順にたどる路は，$a \to v_5 \to v_4 \to v_8 \to b$ の順にたどる路とは枝を共有しないが $a \to v_2 \to v_3 \to v_4 \to v_8 \to b$ の順にたどる路とは枝 $v_3 v_4$ を共有します．ここで，カットと路の間には次の関係があります．同じ有向グラフの点 a から点 b へは，「重なりなく取れる路の数は，カットの枝の本数を超えない」のです（この理由は自分で考えてみてください）．ここで a から b へ重なりなく取れるの路の本数の最大の値を maxpath(a,b) と書こう．すると

定理1 mincut(a,b) = maxpath(a,b).

つまり連結度の決め方は，考え方1と考え方2で同じ値になるです．定理1が正しいことの説明は次節へ譲り，まずは定理1を使って三題のパズルがどう解けるのか見ていきましょう．

実は，どんな床パターンでも，敷ける畳の最大値と置ける座布団の最小値が必ず一致することが分かります．この仕組みを図3の例を使って説明しましょう．定理1を使うために，図4(a) に細工をして図4(b) の有向グラフを作ります．つまり，まず各枝に左から右に向きをつけ，次に，左側に点 a を置き，a から左側の点すべてに向かう枝を張る．同様に，右側に点 b を置き，右側のすべて点のから b へ向かう枝を張る．図4(b) の有向グラフで a から b へ重なりのない路の本数の最

③

生活の知恵から科学へ
―最短路を考える―

趙　亮

1. はじめに

ニュートンは，りんごが木から落ちるのを見て，その原因を考えて万有引力を思いついた，という話がだれでも知っていますね．

ガリレオは，大聖堂で揺れるシャンデリアを見て，振り子は，揺れる幅と関係なく，一往復にかかる時間が一定であることに気づいたといわれています．また彼は，当時の重いものほど落下も速いという常識に対し，重さの異なるものをひもでつないで落下させたときにどうなるかを考え，落下時間が重さに依存しないことを発見したそうです．ガリレオは，ピサの斜塔の頂上から球を落とし，軽い球も重い球も同時に地面に着き，人々を驚かせた話も有名ですね．

りんごが木から落ちる，シャンデリアが揺れる，重いものほど落下も速そうなど，生活に様々な知恵や常識が存在します．それらが本当に正しいか，なぜそうなるかを深く考えることによって素晴らしい発見につながることがあります．ここでは，上の例ほど有名ではありませんが，最短路をみつけるためのある生活の知恵，ひっぱり法，から科学的な計算方法[*1]，ダイクストラ法，へ導いてみます．

1. 最短路問題

通学や通勤，旅行など，鉄道・車・自転車を利用する場合でも歩いて行く場合でも，早く行き先に着きたいものです[*2]．以下最短路問題と呼びます（最速の場合も理屈が同じです）．例えば下の例において，各辺の長さが分かっていて，s (source, 始点) から t (terminal, 終点) への最短路を計算したいとしましょう．

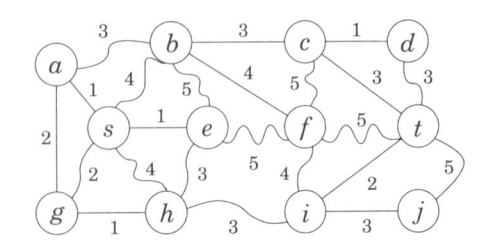

こりゃ簡単だと思う人が多いでしょう．可能の経路を全部調べたら答えが必ず分かります

[*1] 専門用語ではアルゴリズムといいます．
[*2] 余談ですが，そのような気持ちを持っているのは人間だけではありません．渡り鳥やミツバチ，さらに頭脳を持っていないとされる粘菌もそのためにある程度の経路計算をしているようです．詳しくはインターネットで検索して下さい．

ら．実際，この例に対して，いろいろやってみても1分間もかからないで正解

$$s \to g \to h \to i \to t$$

（長さ8）を見つけることができるでしょう．

しかし，どうしてそれが最短なのか簡単に説明できますか．また，この例では点が12個，辺が23本しかありませんが，それぞれ倍になっても正解を見つけられる自信がありますか．さらに倍になったら？よほど根気のある人でなければ，あんなにたくさんの経路を一本一本調べてその中から一番短いものをみつけようとしないでしょう．

実は，楽な方法があります．

2. 最短路をみつけてくれる「ひっぱり法」

説明がいらないぐらいに簡単です．

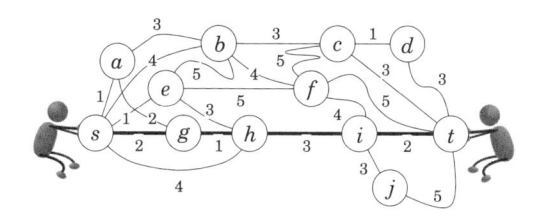

まず，点と同数のリングを用意し，示された問題の通りにひもで結んでおきます．ひもの長さは与えられた長さと同じにします．例えば辺 $a \to b$ の長さが3なので，長さ3のひもでリング a と b を結びます．そして全部結び終わったら，始点のリングと終点のリングを手でつかんでひっぱります．まっすぐになったときの経路が最短路になります（図では太線で示しています）．もし複数本があったら，全部最短路です．

この方法を「ひっぱり法」と呼びましょう．みつけられた経路は確に最短であることがすぐに納得してもらえると思います．ひっぱり法は，いつから知られるようになったのか分かりませんが，その明快さから，はるか昔の人でも知っていたのでしょう[*3]．

ここで，ひっぱるのは簡単ですが，道具を用意したり結んだりする作業がめんどう，というツッコミがあるかもしれません．いやいや，可能の経路を全部調べることよりだいぶ楽でしょう．しかも，よく考えると，このなかに含まれる学問を使うと，実際にリングやひもを使わなくても簡単にできるのです．

3. ひっぱり法に隠された学問

それを見出すために，スロー再生でひっぱり法を考えてみましょう．わかりやすくするために，横の軸を添えておきます．

まず，リングとひもをすべて原点に置いておきます[*4]．以降，見やすくするために，同じところに重なって置かれているリングを縦の一列に描きます．また，ぴんと張ったひもは太線，たるんでいるひもは細線で描くことにします．さらに簡単のため，終点のリングを原点に固定して始点のリングだけをひっぱることにします．

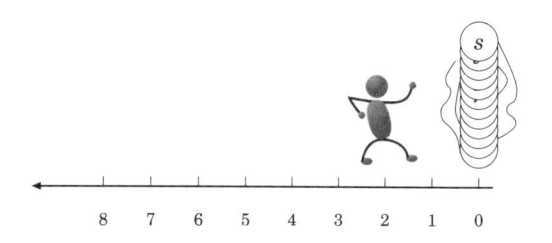

ではひっぱってみましょう．長さ1だけ s をひっぱってやると，s から出ている長さ1のひも $s \to a$ と $s \to e$ がぴんと張って，次の図に変わります（a と e はまだ原点にあります）．

さらに長さ1だけ s をひっぱってやると，a と e は座標1のところにひっぱられて，s から

[*3] ちなみに筆者は中学生のごろにこれを知って大変感心した覚えがあります．
[*4] ここで初期配置に悩むと進まなくなりますよ．

ての v の隣接点 w に対し, $d(w) > d(v) + \ell_{v \to w}$ なら, $d(w) = d(v) + \ell_{v \to w}$ とする.
5. 操作3へもどり, 終了まで繰り返す[*5].

この方法が終わった時点で, $d(w) = d(v) + \ell_{v \to w}$ を満たす辺がぴんと張った辺で, それらから容易に最短路をみつけられるでしょう. あるいは計算途中に暫定距離の更新があったときにその辺をメモしておけば, 簡単に復元できます.

この方法は, ダイクストラ法 ([1]) と呼ばれ, 最短路を計算するのにもっとも有名な方法なのです. 半世紀前の 1959 年に発表されてから, 今でも標準的な最短路アルゴリズムです[*6]. やや乱暴な言い方かもしれませんが, われわれおなじみのカーナビや鉄道案内システム, インターネットなどを支えているのは, 実はこのひっぱり法に含まれる数学なのです.

5. おわりに

生活に存在する知恵や常識を深く考えることによって素晴らしい発見ができます. ここでは, ひっぱり法からダイクストラ法への導出をご紹介しました. 勘の鋭い人は, 導出に使った仮定,「終点が固定されていること」に違和感を感じるのかもしれません. 実は, ダイクストラ法は終点を固定した場合に対応し, 始点と終点を同時にひっぱる方法に相当するアルゴリズムは, **双方向探索法** とよばれるもので, 多くの実用において, ダイクストラ法より約2倍速いといわれています[*7].

最後に, 現実の道路に近いモデルを使った最短路問題をご紹介しましょう. みなさん知っているように, 現実の道路は通過時間が常に変化します. 例えば筆者が住む京都市では, 家から大学まで車で行く場合, 渋滞のときに空いているときと比べ約2倍の時間がかかります. 従って, 通過時間が時刻によって変わるような問題設定で最短路を計算することが実用性高いです. この問題は時間依存最短路問題と呼ばれ, 筆者たちは, 大規模な道路交通網の場合でもすばやく最短路を計算できる方法を開発しています. 興味のある人は, [2] をご参照ください.

謝辞

イラストの作成には, フリーソフト Inkscape (http://www.inkscape.org/) および Tgif (http://bourbon.usc.edu:8001/tgif/) を使って, Open Clip Art Library (http://www.openclipart.org/) からダウンロードした SVG 形式の画像を利用しました. だれでも自由に使用できる素晴らしいフリーソフトウェアとアートを提供して下さった作者たちに深く感謝を申し上げます. また, 原稿の作成にあたり貴重な意見をくれた修士学生の清水俊宏君と清水雅章君に厚く感謝を申し上げます.

参考文献

[1] E. W. Dijkstra, "A note on two problems in connexion with graphs," *Numerische Mathematik* **1**, pp. 269–271 (1959).
[2] L. Zhao, T. Ohshima, H. Nagamochi, "A* algorithm for the time-dependent shortest path problem," 11th Japan-Korea Joint Workshop on Algorithms and Computation (WAAC 2008), pp. 36–43 (2008). See http://www-or.amp.i.kyoto-u.ac.jp/~liang/research/.

(ちょう　りょう)

[*5] t が s から到達可能とします.
[*6] もしかして, ダイクストラ氏 (1930–2002) もひっぱり法からの思考でこのアルゴリズムを発見したのかもしれませんね.
[*7] 格子状の地図上で考えてみてください.

④ シミュレーションと最適化

山下 信雄

1. 最適化問題：高校，大学，将来

最適化問題とは，ある条件を満たす選択肢の中から，ある目的にとって最適なものを見つける問題です．家から学校までの最短な経路を求める問題，試験前の勉強時間の配分を決める問題，お小遣いの使い方を決める問題などの日常問題から，低燃費の車を設計する問題，年金資金の運用先を決める問題など工学や社会の様々な問題は，多かれ少なかれ「最適なもの」を探す問題といえます．このような最適化問題の中でも，すべてが数式で表された問題を扱う方法論を数理計画法といい，多くの大学の理・工学部で習うことができます．

このような数理計画法，最適化問題はすでに高校の数学において，その初歩的なものを習っています．そのひとつが，次のような2次関数の最小値を求める問題です (図1)．この問題は次のように書くことができます．

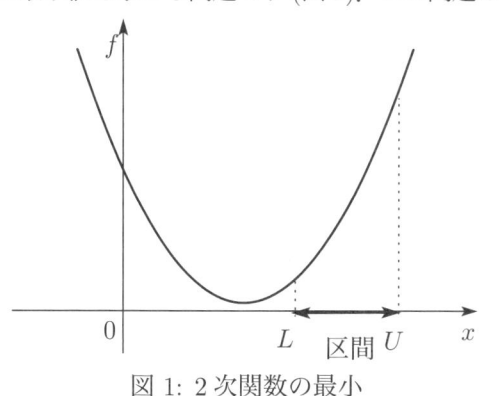

$$\text{最小化：} \quad ax^2 + bx + c$$
$$\text{条件：} \quad L \leq x \leq U \tag{1.1}$$

図1: 2次関数の最小

条件は x が L 以上，U 以下ですから，「選択肢」は，L 以上 U 以下の実数 x ということになります．そして，ある目的にとって最適なものとは，2次関数 $ax^2 + bx + c$ を最小化する x ということになります．図1で与えられている問題では，答えは $x = L$ となります．

このような問題が役立つかどうかを考えたことがあるでしょうか？たいていの高校生は，大学入試に必要だからという理由で，勉強していることでしょう．もちろん，このような1変数の問題が直ちに役立つわけではありません．しかし，この考え方が基本となって，より複雑な問題が解けるようになるのです．例えば，火力発電所の発電量を決める問題について考えてみましょう．火力発電所では，毎時刻，地域の電力需要に応じるように発電をしています．そのとき，ある電力 x を生成するのに必要となる費用 (あるいは CO_2 発生量) は，発電量 x の2次関数 $ax^2 + bx$ となると考えられています．このとき，電力需要が d であれば，d だけ発電すればよいので，答えは $x = d$ となります．しかし，実際には多数の発電所が協力して，総需要をみたすように発電を行っています．いま，2つの発電所があり，それぞれの発電量を x_1, x_2 としましょう．そして，それぞれの発電所での費用は，$a_1 x_1^2 + b_1 x_1$, $a_2 x_2^2 + b_2 x_2$ とし，発電所が最大で発電できる電力を u_1, u_2 としましょう．このとき，2つの発電所の総費用を最小化する問題は

$$\text{最小化：} \quad a_1 x_1^2 + b_1 x_1 + a_2 x_2^2 + b_2 x_2$$
$$\text{条件：} \quad 0 \leq x_1 \leq u_1$$
$$0 \leq x_2 \leq u_2$$
$$x_1 + x_2 = d \tag{1.2}$$

と書けます．需要を満たす条件が $x_1 + x_2 = d$ です．この条件より，$x_2 = d - x_2$ となりますから，この問題から x_2 を消去することができます．その結果，問題 (1.2) は2次関数の最小化問題 (1.1) に変換でき，高校の数学で習った知識によって，答えを得ることができるようになります．実際の問題では，火力発電所の数は100を超え，発電所の起動停止など，複雑な操作も絡んできますので，もっと複雑な問題にな

ります．ただし，その解き方の基礎的なところに，高校の数学が生きているのです．

つぎに，2次関数ではない場合に最適な答えを，これまた高校の知識で求めてみましょう．簡単のため，条件はなく，1変数の関数 f の最小値を求めることにします（図2上）．f を

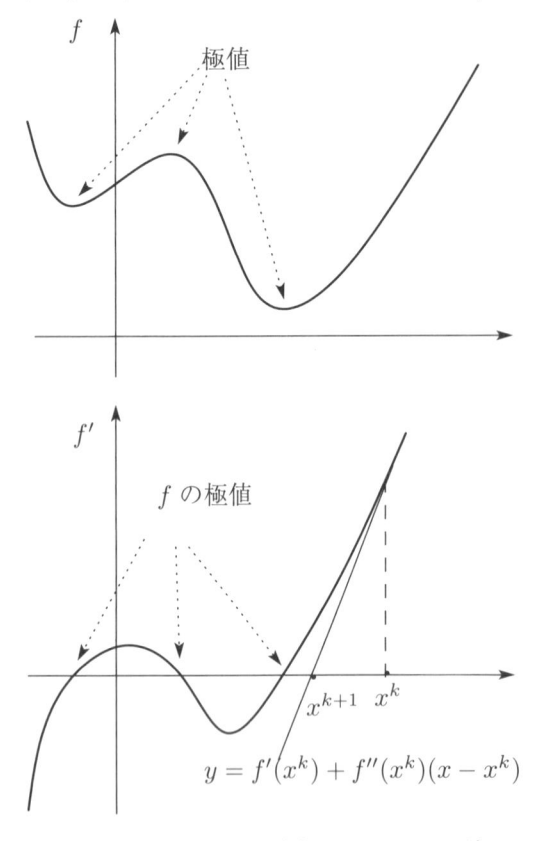

図2: 最小化問題に対するニュートン法

最小とする x では，$f(x)$ は極小値となりますから，f を極小とする x を求めることにします．極小値となるところでは，関数 f の傾きは 0 となるので，$f'(x) = 0$ となる x を求めます．これは1次元の方程式です（図2下）．高校の数学では，1次元の方程式を解く手法としてニュートン法を教えています．ニュートン法では，f' に対して現在の点 $(x^k, f'(x^k))$ における接線（f' の近似関数）を考え，その接線の値が 0 となるところを次の点 x^{k+1} として，数列 $(x^0, x^1, \cdots)$ を生成していきます．この手法が必要とする情報は，関数 f の 1 階の導関数 $f'(x)$ と 2 階の導関数 $f''(x)$ であることに注意

表1: 高校と大学の最適化問題

	高校	大学
変数の数	1変数	多変数
関数	1次関数，2次関数	非線形関数
条件	区間	多次元領域
問題	数学	社会，工学

しましょう．このように1変数であれば，高校で習う知識で，うまくいけば最適化問題を解くことができます．世の中の現実問題では，変数の数は何百，何万とあるのが普通です．それでも，多変数のニュートン法を使うことによって，答えを見つけることができます．

高校で習う「最適化問題」をより一般化した問題を扱う「数理計画法」は大学において習うことができます．高校で習うものと大学で習うものの違いを表1にまとめておきます．

高校では，1変数だけの問題であり，最小化する関数も2次関数か1次関数でした．また，条件も，1変数の区間で与えられています．一方，大学で習う最適化問題では，変数の数は多く（無限の場合もある！），また関数も複雑な形をしています．変数が多いため，条件も区間ではなく，領域として与えられます．また，このような複雑な問題の答えを見つけるニュートン法（の改良版）は，高校で習うニュートン法をさらに多変数へと拡張した複雑なものです．そこでは，多変数の関数に対する導関数や多次元の行列演算が出てきますので，「数理計画法」を理解するには大学の初学年で習う「微分積分」，「線形代数」の知識が必要になります．

このような高校数学からみたらより複雑で現実的になった問題を扱う数理計画法ですが，20世紀前半より精力的に研究されており，多くの問題において，最適な答えを求めることができるようになっています．そして，21世紀では，より**複雑**(凸凹が多い)で**大規模**(変数の数が数百万以上)な最適化問題が解けるようになることが求められています．さらにモデル化(数式化)**されていない問題**に対して，モデル化をしつつ**問題を解く手法**の開発が進められています．

第 I 章 解決策を生み出す

　この章では、この「モデル化されていない問題に対して、モデル化をしつつ問題を解く手法」を紹介します。発電所の問題 (1.2) のように、最適化問題を扱う上で、数式で表されていること（2次関数になるとか、a_1 などのパラメータが定まっていること）が前提になっています。また、高校までに習う数学の応用問題は、数式で表すことができます。（そうでなければ解けません。）一方、現実の問題では、数式で表すことができないことの方が普通です。明日の天気を数式で表すことができるでしょうか？自分の将来を数式で表すことができるでしょうか？このように数式で表しにくいもの扱うときには、模擬的に具体化して考えることが多いでしょう。その模擬的にあらわすことがシミュレーションです。この章では、シミュレーションでは表すことができる現象の最適化問題を考えます。

2. シミュレーション科学

　科学には、実験をとおして現象を調べる「実験科学」と理論的に現象を解明する「理論科学」の2種類があるといわれています。どちらも大切なもので、実験だけでは本質がわからないことがありますし、理論だけでは机上の空論になってしまうことがあります。20世紀までの科学は、この「実験」と「理論」を両輪として、発展してきました。ここに２１世紀になると「シミュレーション科学」というものが、第3の科学として脚光を浴びるようになってきました。シミュレーションとは、実際の現象を、コンピューターなどを使って、模擬的に表現することです。

　現在ではスーパーコンピュータに使って、これまでは実験によって調べられていた自動車の衝突、新薬の分析など、いろいろな分野でシミュレーションを用いた解析が行われています。また、宇宙の成り立ちや気象予測など、実験では不可能なことがシミュレーションで調べられるようになってきています。そして計算機の高速化、数理工学によるモデル化技術の発展により、シミュレーションによって、より複雑な現象を高速に表現できるようになってきました。

　これまでのシミュレーションは、その計算速度の限界から、現象を理解するために行われることが多かったようです。これが、数理工学の発展により、将来的には、シミュレーションによって分析される状況を、制御、最適化することができるようになってくるでしょう。

3. シミュレーションと最適化

　実験を通して、最適化を行うことは、１９世紀のころからすでに実験計画法として研究されてきています。例えば、作物の収穫を最大化する肥料の組み合わせを求める問題は、実験を繰り返すことによって、解かれてきました。しかし、1回の実験に1年もかかるので大変です。そこで、実験計画法では、すくない実験回数で最適な答えを見つけることが考えられています。この「実験」を「シミュレーション」に置き換えるのが、この章の内容です。もし、作物が育つ様子が、スーパーコンピュータ上で正確にシミュレーションできれば、短時間で収穫量最大の栽培方法をみつけることが可能になるのです。（まだ、そこまでシミュレーション技術は発展していませんが。）

　シミュレーションされる状況を最適化するということは、発電所の問題 (1.2) のような通常の最適化問題とどこが違うのでしょうか？

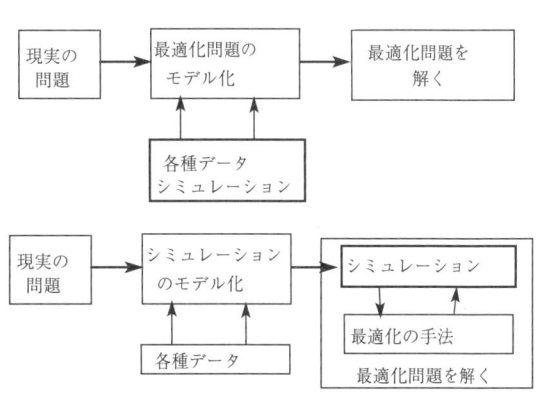

図 3: シミュレーションによるモデル化と最適化

図3上にあるように，これまでの最適化問題では，まず各種データやシミュレーションなどを通じて，問題のモデル化(数式化)を行い，それをこれまで開発されてきた手法(ニュートン法など)で解くというアプローチがとられてきました．しかし，モデル化，数式化するということは，複雑な現象を，簡単な数式にしてしまうということでもあります．例えば，気象を数式化するとなると，多くの複雑な要因は除去しなければなりません．それでは，大事な要素を見過ごしてしまう危険があります．そこで，複雑な現象をそのまま扱うというのが，図3下の考え方です．これは，最適化とモデル化を同時に行うということでもあります．

以下では，そのような問題として考えることができる具体的な問題を紹介します．

自動設計: プロペラなどの羽の形状を決定することは，ジェットエンジンを設計するだけでなく，発電所のタービンを決定する際にも出てきます．最適な羽が設計できれば，安全かつ低コスト(環境負荷が小さい)な運転ができます．現状では，人の手で設計し，シミュレーションによって，その性能を分析しています．設計とは，形を決めることであり，その形を変数として考えれば，最適化問題となります．形 x を与えると，シミュレーションによって性能値 $f(x)$ が出力されるということです．現在のシミュレーションや最適化の技術では，すべてを自動的に設計することが不可能ですが，これから22世紀へかけて研究開発がすすめば，そのようなことも夢ではないかもしれません．

パラメータの推定: シミュレーションは通常，数理モデルを考えて，そのモデルに従って行われます．その数理モデルには，いろいろなパラメータが含まれます．例えば，気象をシミュレーションする場合，二酸化炭素濃度，海の温度などいろいろなパラメータを含みます．そのパラメータの値が少し変われば，結果も大きく変わってしまうことがあります．いまでも地球温暖化の原因を100%断言できないのは，その存在や重要性はわかっていても，具体的な値がわからないパラメータを多く含んでいるからです．ここでは，その未知なパラメータを x としましょう．そして，そのパラメータ x におけるシミュレーションの結果，ある地点での温度が $g(x)$ 度になるとします．実際に測定した温度は t 度だったとすると，$|g(x)-t|$ を最小とするように，パラメータ x を求めれば未知のパラメータが推定できることになります．通常は，パラメータ x を与えたとき，温度 $g(x)$ を求めることが問題(順問題という)となりますが，このように，"現状"に合うようなパラメータ x を求める問題を逆問題といいます．シミュレーションにより順問題を解いて $g(x)$ を求め，その結果から逆問題を解くという最適化問題はこれからはとても重要になるでしょう．

4. ブラックボックスの最適化法

ここでは，次の条件のない最適化問題の解き方を考えましょう．

$$\text{最小化:} \quad f(x) \quad (4.1)$$

簡単のため，関数 f の変数は1つとします．前にも述べたとおり，この問題に対しては，ニュートン法(またはその改良版)が有効です．ここで，関数 f の値は正確に計算できるが，その計算過程はブラックボックスの場合を考えてみましょう(図4左)．これは x を与えたとき，具体的な数式ではなくシミュレーション(ブラックボックス)によって，$f(x)$ が計算される状況を表しています．このとき，f の微分や2階微

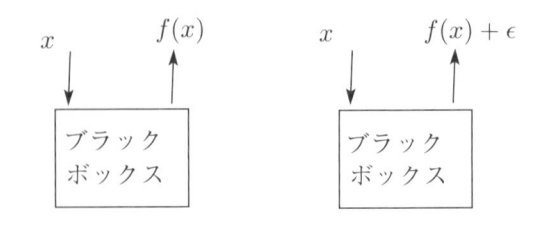

図 4: 関数の評価・計算がブラックボックス

分は計算することができません．そこで，微分の近似を使うことが考えます．まず，次の微分の定義を思い出しましょう．

$$f'(x) = \lim_{h \to 0} \frac{f(x+h) - f(x)}{h}$$

そこで，十分小さい h を用いて，

$$\tilde{f}'(x) = \frac{f(x+h) - f(x)}{h}$$

とすれば，この $\tilde{f}'(x)$ は微分 $f'(x)$ をよく近似した値になります．これを有限差分近似といいます．この計算には，$x+h$ と x のおける f の関数値がわかればよいことに注意しましょう．図5のように，$\tilde{f}'(x)$ は $(x, f(x))$ と $(x+h, f(x+h))$ を結んだ点線の傾きとなります．実際の $f'(x)$ は x における接線 (図では直線) の傾きになりますので，h が小さければ，よりよい近似になることがわかります．同様

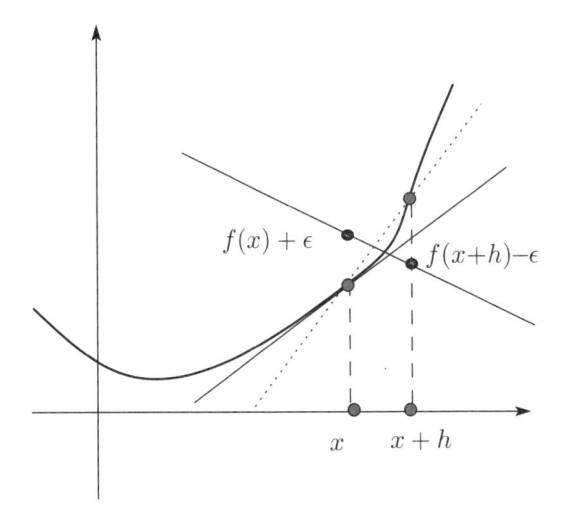

図 5: 有限差分近似

に，2階微分は，

$$f''(x) = \lim_{h \to 0} \frac{f'(x+h) - f'(x)}{h}$$

となりますから，十分小さい h に対して，

$$\frac{f'(x+h) - f'(x)}{h}$$

は，$f''(x)$ の近似値となります．ただし，現在の状況 (図4) では，$f'(x+h)$ と $f'(x)$ の正確な値は計算できませんので，これを先ほどの差分近似

$$\tilde{f}'(x) = \frac{f(x+h) - f(x)}{h}$$

$$\tilde{f}'(x+h) = \frac{f(x+2h) - f(x+h)}{h}$$

に置き換えます．その結果，2階微分 $f''(x)$ の近似値

$$\tilde{f}''(x) = \frac{\tilde{f}'(x+h) - \tilde{f}'(x)}{h} = \frac{f(x+2h) + f(x)}{h^2}$$

を得ることができます．これらの近似値 $\tilde{f}'(x)$, $\tilde{f}''(x)$ を用いたニュートン法によって，関数の具体的な形がわからなくても，最適化問題 (4.1) の答えを見つけることができます．

ところで，関数の値が正確にもとまらないときはどうなるのでしょうか (図4右)？シミュレーションで関数の値 $f(x)$ を計算する場合 (例えば，気象シミュレーションで雨になる確率とか) は，その値に誤差が入ることが普通です．また，このような誤差を少なくするためには，シミュレーションはより複雑になり，多くの計算時間が必要になります．そこで，関数に誤差が含まれていることを前提にして，最適化問題を解く方法が考える必要があります．先ほどの有限差分近似に，誤差が含まれていた場合はどうなるでしょうか？ここでは，誤差 ϵ が h よりも大きい場合を考えてみましょう．いま，誤差を含めて，関数の値が $\tilde{f}(x+h) = f(x) + \epsilon$, $\tilde{f}(x) = f(x) - \epsilon$ と計算されていたとします．このとき，微分の近似値は

$$\tilde{f}'(x) = \frac{f(x+h) - f(x)}{h} + 2\frac{\epsilon}{h}$$

となります．$\epsilon > h$ であれば，誤差の項 $2\frac{\epsilon}{h}$ は 2 よりも大きくなってしまいます (図5)．いま，$f'(x) = 0$ となる x を求めたいわけですから，このような誤差がついていたら，計算に意味をなさなくなります．一方，このような誤差は，いつも一定な値ではなく，何回もシミュレーションをすると，その平均は0になるような性質をもっていることが多いです．そのような性質を利用して，より正確な答えを求める方法

があります.そのような方法のひとつが,モデル関数 (または代理関数) を使う方法です.これは,これまでに計算された (誤差つきの) 関数の値から,元の関数 f を推定したモデル関数 m をつくり (図6),その最小値を求めていく手法です.

図6では,真の関数 f のグラフは点線で描かれています.一方,7つの点 x で計算した関数値 $f(x)$ は誤差を含んでしまい,黒丸のところの値が計算されたとします.この黒丸7点を通る2次関数を推定したものが,実線でかかれた放物線です.この放物線の最小値をとる x

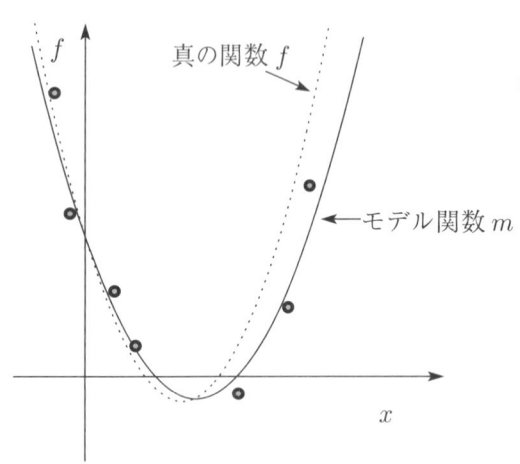

図 6: モデル関数 m の推定

は簡単に計算できます.これを答えの候補とします.もしその x に満足できなければ,その x において (誤差つきの) $f(x)$ を計算し,さらに新しい点を含めて2次関数を推定すれば,より真の関数に近いモデル関数が求まります.この操作を繰り返すことによって,よりよい答えに近づくことが期待できます. (実際には,より複雑な操作が必要になります.)

このような方法によって,50変数ぐらいの最適化問題を解くことができます.しかし,現実の問題には,何百,何万と変数を持つものが少なくありません.そのため,最適化技術のさらなる開発が求められています.

5. おわりに

この章では,最適化問題に関する研究の将来として,シミュレーションと最適化の融合の話をしました.

今後,数理工学によるモデル化技術がより発展し,計算機の能力が向上すれば,より高速で正確なシミュレーションができるようになるでしょう.そして,最適化技術と組み合わせることによって,より現実的な最適化問題が解けるようになるでしょう.そのときには,安全でエコな自動車が,自動で設計できるようになっているかもしれません. (自動車という乗り物がなくなっているのが先かもしれませんが.) そのためには,最適化を含む数理工学の研究が必須不可欠なのです.

(やました のぶお)

⑤

確率を用いた最適戦略
条件付き確率とマルコフ連鎖への誘い

笠原 正治

1. はじめに

みなさんは賭け事は好きですか？勝負は時の運とよく言いますが，どのような戦略を立てれば賭け事に勝つことができるのかというのは誰にでも興味ある問題だと思います．賭け事の問題は確率論と関係が深く，17世紀の数学者パスカルと友人メレとの間で交わされたギャンブル問題が確率論のはじめとされています．

ここでは賭け事の例としてくじ引き，最高賞品獲得問題，ギャンブラーの破産問題の3つに話題を絞り，条件付き確率という初等的な取り扱いを通して各ゲームの性質や最適戦略を紹介します．

2. くじ引きと条件付き確率

10本中2本が当たりのくじ引きで，10人の人が順番にくじを引くことを考えてみましょう．引かれたくじは戻さないものとすると，何番目に引く人が一番当りやすいのでしょうか？

1番目の人がくじを引くとき，当たりくじは2本ありますから，当る確率は 2/10 = 1/5，はずれは 4/5 となります．「1回目に当たりが出る」という結果を A_1，「1回目にはずれが出る」という結果を $\overline{A_1}$ であらわすことにすると，これらの確率は次のように表現されます．

$$P(A_1) = \frac{1}{5}, \quad P(\overline{A_1}) = \frac{4}{5}$$

2番目の人がくじを引くとき，次の確率を考えましょう．

(1) 1回目の人が当りを引いた場合，2回目の人が当りを引く確率
(2) 1回目の人がはずれを引いた場合，2回目の人が当りを引く確率

(1)では，2回目の人がくじを引くときには，全体で9本のくじの中で当たりくじが1本となっていますから，この場合の確率は 1/9 となります．(2)の場合は2本の当たりくじが残っていますから，当たる確率は 2/9 となります．

確率論では，実験を行うことを試行，試行の結果を標本，標本の集合を事象と呼びます．くじ引きの例では，くじを引くことが試行，「当たり」や「はずれ」が標本，「1回目に当たりが出て2回目にはずれが出る」が事象に当たります．事象は標本の組み合わせで表現されることに注意して下さい．

くじ引きの例のように，事象 B が起こったという条件の下で事象 A が起こる確率を条件付き確率とよび，$P(A|B)$ で表現します．くじ引きの例で，二人目の人が当りくじを引く事象を A_2，はずれを引く事象を $\overline{A_2}$ で表現すると，上記(1), (2)の確率は以下のように表されます．

$$P(A_2|A_1) = \frac{1}{9}, \quad P(A_2|\overline{A_1}) = \frac{2}{9}$$

$1/9 < 1/5$ より，1回目に当たりくじが出たときは，2回目に当たりくじが出る確率は1回目に当たりくじが出る確率よりも小さくなります．逆に $2/9 > 1/5$ より，1回目にはずれくじが出た場合は2回目に当たりくじが出る確率が高くなります．2回目にくじを引く人は1回目にくじを引く人よりも得なのでしょうか？それとも損なのでしょうか？

この問題に答えるために，条件付き確率を用いた全確率の公式を紹介します．一般に，条件付き確率は次のように定義されます．

$$P(A|B) = \frac{P(A \cap B)}{P(B)}$$

ここで $A \cap B$ は A と B が同時に起こる事象を表します．上式は $P(B) > 0$，すなわち B が起こる確率が正のときのみ定義できることに注意しましょう．

今 Ω を結果の全体集合とし，Ω の部分集合を B_i $(i = 1, 2, \ldots)$ とします．B_i と B_j が共通の要素を持たないとき，すなわち $B_i \cap B_j = \emptyset$

($\emptyset$ は空集合) であるとき，B_i と B_j は互いに排反であると言います．今，すべての i に対して B_i が排反であり，そのような B_i で Ω が構成される場合 $\Omega = \bigcup_i B_i$ を考えます．

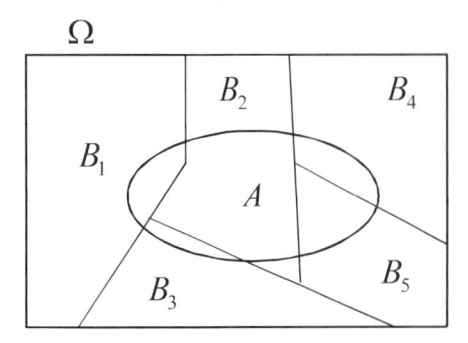

図 1: 排反集合 B_i から構成される全体集合 Ω

図 1 はこの状況をベン図を用いて表現した例になっています．この図で Ω は $B_1, B_2,..., B_5$ の 5 つの交わらない集合から構成されています．一方 A は楕円で囲まれた部分の集合となっており，

$$A = (A \cap B_1) + (A \cap B_2) + \cdots + (A \cap B_5)$$

で表現できることに注意します．

一般に任意の事象 A は排反な集合族 $\{B_i\}$ を使って

$$A = \sum_i A \cap B_i$$

と表すことができます．これより A が起こる確率 $P(A)$ は次のように書くことができます．

$$P(A) = \sum_i P(A \cap B_i)$$

条件付き確率の定義より

$$P(A \cap B_i) = P(B_i) P(A|B_i)$$

に注意すると，$P(A)$ は次のように変形できることがわかります．

$$P(A) = \sum_i P(B_i) P(A|B_i)$$

これを全確率の公式と呼びます．

ここでくじ引きの例に戻って，2 番目の人が当たりくじを引く確率 $P(A_2)$ を求めてみましょう．全確率の公式で 1 回目のくじ引きの結果で条件をつければ

$$\begin{aligned} P(A_2) &= P(A_1)P(A_2|A_1) \\ &\quad + P(\overline{A_1})P(A_2|\overline{A_1}) \\ &= \frac{2}{10} \cdot \frac{1}{9} + \frac{8}{10} \cdot \frac{2}{9} \\ &= \frac{1}{5} \end{aligned}$$

つまり 2 回目にくじを引く人も当たりが出る確率は 1/5 になることがわかります．この考え方を応用すれば，どの順番の人も当たりがでる確率は等しく 1/5，すなわち順番で不公平が生じないということがわかります．

3. 最高賞品獲得問題

条件付き確率を応用した面白い問題として，n 個の異なる数字から最も大きい数字を引き当てる最高賞品獲得問題を紹介しましょう．

今 n 枚の異なる番号が書かれているカードがあるとします．あなたはカードにどのような数字が書かれているかは全く知りません．あなたはカードを 1 枚引く度に，そのカードの数字を選ぶか，またはそのカードを捨てて次のカードを選ぶかのどちらかを行います．ただし，自分が今まで引いたカードの情報はすべて保持できるものとします．ここで，どのような方針でカード選択を停止すれば，もっとも大きい数字が書かれているカードを選ぶことができるのでしょうか？

このゲームでは n 枚のカードに書かれている数字の情報はあらかじめわかっていないため，最後の n 枚目のカードを引くとき，そのカードは $n-1$ 回引いて出て来たすべてのカードよりも大きい可能性があるということに注意して下さい．この問題は，複数の候補者を順番に面接していって途中で採用者を決定するという秘書問題・結婚問題として知られています．

話を簡単にするため，1 から n までの n 個の自然数がカードに書かれていると仮定します．戦略として次の方法を考えます．まず $0 \leq k < n$ である適当な k を選び，最初の k 枚を捨て去ります．そして k 枚のカードの値よりも大

きな値を持つカードが出て来た時点でゲームを終了することにします.

今 Z 枚目の位置に最大数 n が書かれているカードがあるとします. n 枚のカードはランダムに並んでいますから, $Z = j$ ($j = 1, 2, \ldots, n$) となる確率は $P(Z = j) = 1/n$ となります. ここで最大数を引き当てるという事象を A とし, 初期枚数 k を固定したときに最大数を引き当てる確率を $P_k(A)$ で表現することにします. 最大数の位置 Z で条件をつけて全確率の公式を応用すると

$$P_k(A) = \sum_{j=1}^{n} P(Z = j) \cdot P_k(A|Z = j)$$
$$= \frac{1}{n} \sum_{j=1}^{n} P_k(A|Z = j)$$

よって問題は, 最大数が位置 j にあるときに最大数を引き当てる条件付き確率 $P_k(A|Z = j)$ を求めることに帰着されます.

ここで, もし最大数 n が最初の k 枚のカードに含まれているとき, 本方策の下ではこのカードを選ぶことができません. 言い換えると, 最大数を引き当てる確率は 0, すなわち j が 1 以上 k 以下であるときは

$$P_k(A|Z = j) = 0, \quad j = 1, 2, \ldots, k$$

となります.

次に $j > k$ の場合を考えます. この場合, 最初の k 枚よりも大きい数字が出たときにカード選択を終了しますから, $k+1, \ldots, j-1$ 枚目のカードの番号は最初の k 枚の中の最大数よりも小さいことに注意します. 言い換えると, 最初から数えて $j-1$ 枚のカードの中で最も大きい数字は, 最初の k 枚の中にあることになります. $j - 1$ 枚の内, 最初の k 枚にそのような数が存在する確率は $k/(j-1)$ となりますから, 結局

$$P_k(A|Z = j) = \frac{k}{j-1}, \quad j = k+1, k+2, \ldots, n$$

となります.

以上をまとめると, 最大数を引き当てる確率は次式で与えられることがわかります.

$$P_k(A) = \frac{1}{n} \sum_{j=k+1}^{n} \frac{k}{j-1} = \frac{k}{n} \sum_{j=k+1}^{n} \frac{1}{j-1}$$

上記の確率は正しい表現なのですが, 最大の $P_k(A)$ を与える k の値を評価するには不便なため, 次の近似式を用いることにします.

$$\sum_{j=k+1}^{n} \frac{1}{j-1} \approx \int_{k}^{n-1} \frac{1}{x} dx = \log\left(\frac{n-1}{k}\right)$$

上式をさらに

$$\log\left(\frac{n-1}{k}\right) \approx \log\left(\frac{n}{k}\right)$$

とみなすことにします. こうすると, $P_k(A)$ を最大にする k は, 関数

$$f(x) = \frac{x}{n} \log\left(\frac{n}{x}\right)$$

を最大にする x の値で見積もれることがわかります. ここで

$$f'(x) = \frac{d}{dx} f(x) = \frac{1}{n} \left\{ \log\left(\frac{n}{x}\right) - 1 \right\}$$

より, $x = n/e$ (e は自然対数) のときに $f'(x) = 0$ となり, かつこのときに最大値を取ることがわかります.

以上をまとめると, この方策では, 最初の n/e 枚を捨て去った後で, それらのカードの値よりも大きいものが出て来たときにゲームを止めるという戦略がおよそ最適であるということになります.

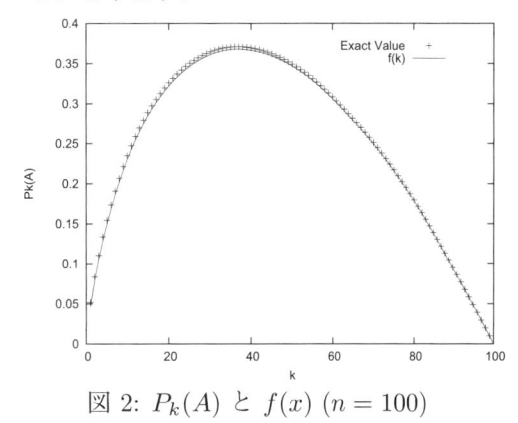

図 2: $P_k(A)$ と $f(x)$ ($n = 100$)

図 2 は 100 枚のゲームのとき ($n = 100$) の真の $P_k(A)$ と, $x = k$ とした $f(k)$ の値をプロットしたものです. これより $f(k)$ は $P_k(A)$ とかなりの精度で一致していることが観察できま

す．$P_k(A)$ を最大とする k の値は
$$100/e = 36.78794...$$
これを小数第一位で四捨五入すればおよそ 37 枚程度となります．37 枚を捨て去るという戦略の下では，最大数を獲得する確率は $f(n/e) = 1/e$，すなわち枚数によらずおよそ $1/e \approx 0.36788$ で見積もれることがわかります．最大数を手に入れる確率がカードの枚数によらず一定であるというのは意外な感じがしませんか？

4. ギャンブラーの破産問題

次にギャンブラーの破産問題と呼ばれる例を紹介しましょう．1 回の勝負で勝てば +1 点，負ければ -1 点となる賭け事を考えます．あなたは最初に k 点持ってこのゲームに参加し，持ち点が M 点に達したらあなたの勝ち，0 点になった時点で負けとなります．1 回のゲームであなたが勝つ確率は p，負ける確率は $q(=1-p)$ であり，1 回毎の勝敗は独立に決まるものとします．この賭け事であなたが最終的に勝つ確率はどのくらいなのでしょうか？

これまでの問題と同様に，条件付き確率の考え方を用いてこの問題を見ていきましょう．持ち点が k のときにそこからゲームを始めて最終的に勝つ確率を $P(k)$ で表すことにします．$k = 0$ のときは，すでに持ち点が 0 ということですから勝つことは絶対ありませんので，$P(0) = 0$ となります．$k = M$ のときは勝負に勝っていることを意味していますから，$P(M) = 1$ であることに注意して下さい．

1 回目の勝負に勝った場合，その時点で持ち点は $k + 1$ 点になります．この場合の最終的に勝つ確率は，持ち点を $k + 1$ 点から始めて最終的に勝つ確率 $P(k+1)$ と等しくなります．同様に，1 回目の勝負で負けた場合は，持ち点を $k - 1$ から始めて最終的に勝つ確率 $P(k-1)$ と等しくなります．

従って 1 回目の勝負の結果で条件をつけることで，$P(k)$ は次式を満足することがわかります．

$$P(k) = pP(k+1) + qP(k-1),$$
$$k = 1, 2, \ldots, M-1$$

$P(k)$ を数列と見れば，上式は $P(k)$ の 3 項間漸化式になっています．$p + q = 1$ に注意すると，$(p+q)P(k) = pP(k+1) + qP(k-1)$ より

$$P(k+1) - P(k) = \frac{q}{p}\{P(k) - P(k-1)\}$$

を得ます．$k = 1$ のとき，$P(0) = 0$ に注意すると

$$P(2) - P(1) = \frac{q}{p}P(1)$$

$k = 2$ のときは

$$P(3) - P(2) = \frac{q}{p}\{P(2) - P(1)\} = \left(\frac{q}{p}\right)^2 P(1)$$

よって 3 項間漸化式を繰り返し用いると $P(k)$ は次式で与えられることがわかります．

$$P(k) - P(k-1) = \left(\frac{q}{p}\right)^{k-1} P(1),$$
$$k = 2, 3, \ldots, M$$

（上式は $k = 1$ のときも成立していることに注意して下さい．）ここで上式について，$k = 2$ から k までの $k - 1$ 個の式を足し合わせると，次の式を得ます．

$$P(k) - P(1)$$
$$= \left\{\frac{q}{p} + \left(\frac{q}{p}\right)^2 + \cdots + \left(\frac{q}{p}\right)^{k-1}\right\} P(1)$$

ここで $p \neq q$，すなわち $p \neq 1/2$ のとき，

$$\frac{q}{p} + \left(\frac{q}{p}\right)^2 + \cdots + \left(\frac{q}{p}\right)^{k-1} = \frac{1 - (q/p)^k}{1 - (q/p)}$$

$p = q = 1/2$ のときは

$$\underbrace{1 + 1 + \cdots 1}_{k-1} = k - 1$$

に注意すると $P(k)$ は次式で表現されます．

$$P(k) = \begin{cases} \dfrac{1 - (q/p)^k}{1 - (q/p)} P(1), & p \neq \dfrac{1}{2} \\ kP(1), & p = \dfrac{1}{2} \end{cases}$$

最後の未知数は $P(1)$ ですが，$P(M) = 1$ に注意すると，$p \neq 1/2$ のときは

$$1 = \frac{1-(q/p)^M}{1-(q/p)}P(1)$$

より

$$P(1) = \frac{1-(q/p)}{1-(q/p)^M}$$

を得ます．同様に $p = 1/2$ のときは $P(1) = 1/M$ となります．

以上をまとめると $P(k)$ は最終的に次式で与えられます．

$$P(k) = \begin{cases} \dfrac{1-(q/p)^k}{1-(q/p)^M}, & p \neq \dfrac{1}{2} \\ \dfrac{k}{M}, & p = \dfrac{1}{2} \end{cases}$$

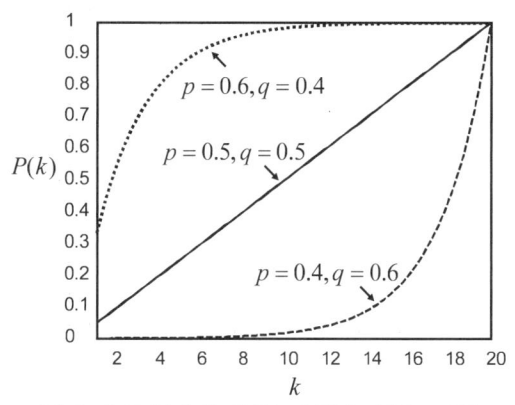

図 3: k に対する $P(k)$ の変化 ($M = 20$)

図 3 は $M = 20$ としたときの $P(k)$ の値をプロットしたものです．$p = 0.4, 0.5, 0.6$ の 3 通りのグラフを見ると，はじめに多くの点数を持っている方が勝ちやすいということがわかります．勝つ確率 p が 0.4 のとき，かなり多い持ち点で始めても勝つ確率が小さいこと，また 0.6 のときはそれほど多い持ち点がなくてもかなり勝ちやすいということに注意しましょう．

最後に，M をこの賭け事の親が持っている点数としましょう．親が無限の資産を持っている場合に勝算はあるのでしょうか？$P(k)$ の式で $M \to \infty$ とすると次のようになります．

$$P(k) = \begin{cases} 1-\left(\dfrac{q}{p}\right)^k, & p > \dfrac{1}{2} \\ 0, & p \leq \dfrac{1}{2} \end{cases}$$

つまり，ゲームに勝つ確率 p が 1/2 より大きければ，無限の資産を持っている親相手でも勝つ可能性があることがわかります．

5. おわりに

ギャンブラーの破産問題で，持ち点が負になる場合もゲームを続けることができるとします．このとき，n 回目の時点では持ち点はいくらになっているでしょうか？$n \to \infty$ ではいくらたまるのでしょうか？これはランダムウォークと呼ばれる問題の一種で，1 回の試行毎にどのような点数に推移するのかという状態の推移を条件付き確率で表現することで取り扱うことができます．この理論的取り扱いの基になっているのがマルコフ連鎖と呼ばれる確率過程です．マルコフ連鎖は統計学や物理学，オペレーションズ・リサーチ，さらには社会科学といった広範囲な分野で使われている理論です．オペレーションズ・リサーチにおける待ち行列理論や信頼性理論はこのマルコフ連鎖を基にしており，「待ち」が発生するシステムの最適設計やシステムの故障率を低くするような構成法について，有益な知見を得ることができます．

最後に関連する参考図書を紹介します．本稿の内容は [1] を参考にしましたが，確率論と離散時間マルコフ連鎖については古典的な名著である [2] をお薦めします．オペレーションズ・リサーチでの応用を念頭においたマルコフ連鎖の入門書として [3] が挙げられます．本稿で紹介した最適賞品獲得問題は最適停止問題と呼ばれる問題の一種ですが，これについては [4] に豊富な例と解説が掲載されています．

参考文献

[1] S. M. Ross, *Introduction to Probability Models 9th Ed.*, Elsevier, 2007.

[2] W. フェラー，河田龍夫監訳，確率論とその応用 I 上および下，紀伊国屋書店，1960, 1961.

[3] 森村英典，高橋幸雄，マルコフ解析，日科技連，1979.

[4] 穴太克則，タイミングの数理 最適停止問題，朝倉書店，2000.

（かさはら　しょうじ）

第 2 章

システムを操る

①

微分方程式と制御

山本　裕

1　制御はいたるところにある

　朝の7時，A君はタイマーと共にセットされたCDの鳴らす音楽で眠い目をこすりながら目を覚ましました．昨夜はテレビで放映されているスペースシャトルの打ち上げの模様を見るともなしに見ているうちに，つい夜更かしをしてしまったようです．しかし今日は朝の1時限目から制御システムの講義があるので，遅刻するわけにはいかない．トースターにセットしたパンが出来上がるのを待って，コーヒーをカップに注ぎながら，ぼんやりと先週の講義のことを思い浮かべるA君でした．
　Y教授は『いたるところに制御がある』なんて言っていたっけ．CDやスペースシャトルなんかもその一例とかいう話でした．たしか，CDプレーヤの中にはレーザービームを出す部品があって，それをCDのトラック面に当てて，反射した光でディジタル信号に変換された音楽信号を読み取るのだけれど，それを正確に所定のトラックに当てたり，返ってきた光をピントを合わせて読み取るのに，現在位置を検出して狂いがあったらそれをフィードバックするとかいう話でした．そのほかにも自動車のサスペンションやらエレベータやらの例がいっぱい出てきたようですが，残念ながら消化不良だったようで，あまりよく思い出せません．ぐずぐずしていると電車の時刻に遅れてしまいます．A君はいきおいよくパンにかじりつきました．

2　フィードバックとは

　私たちの身の回りには制御によって働いているものが数多くあります．A君が先週習った中には上の例のほかにもハードディスクの読取装置，エレベータの位置の制御などがあったのですが，なかなか理解できなかったようです．そこで出てきたフィードバックという概念について，スペースシャトルを例にとっておさらいして見ましょう．

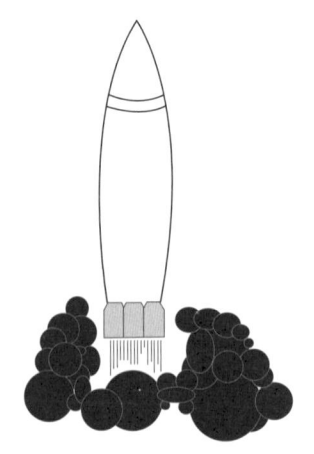

図1　ロケットの打ち上げ

　スペースシャトルに限らないのですが，ロケットの打ち上げのときは図1のように，巨大なロケットの下の部分に推力が与えられるようになっています．これに対して先端部にはその方向を制御できるような推力は何も与えられていません．子供の頃，手のひらの上でかさを逆に立てて遊んだことのある人は多いと思いますが，ちょうどそれと同じように，このロケットの打ち上げは方向を左右する部分が一番下についているので非常に不安定なのです．ちょっと放っておくと，すぐに傾いて軌道から外れてしまいます．それを制御するために，ロケットが傾くとそれを補正するような方向にエンジンを噴射してやるのです．ちょうどかさが傾いたとき，傾きを元に戻すように手を動かすようにです．どのくらい噴射してやればよいかは，ロケットの傾き，その角速度，などによります．そのためにロケットの状態を測るセンサ（計測器）が必要で，それを使うことによって制御が行われているのです．このようにシステムの状態を反映して，システムへの入力を加減する動作をフィードバックというのです．

3 制御いろいろ

制御はいろいろなところに使われています。最終状態を希望のものにするために調節するという意味では，A君のパンを焼いてくれたトースターや毎日お世話になる電気釜なども制御の原理を使っています。ただしこれらはあらかじめ大まかな焼け具合や炊き具合を時間と温度の関係でセットしておくので，実際に現在のパンやお米の状態を計って調節してくれるわけではありません。すなわちフィードバック制御ではないのです。このように，あらかじめ決められたパターンにそって制御を行うのを，フィードフォワード制御といいます。

これに対し，エアコンの温度調節などは，部屋の温度にしたがってスイッチのON−OFFを繰り返すので，フィードバック制御です。コタツなども同じ原理です。

家の中を出て町に出てみましょう。何らかの意味で自動的に動いているものは大なり小なりすべて制御が働いています。たとえそれが大学で学ぶような理論によって作られたものでなくとも，制御は制御です。

ところでもう少し複雑な制御を探してみましょう。車に乗って出かけるとします。皆さんが乗っている車体とタイヤの間はサスペンションという装置でつながれています。これは路面の凸凹を吸収するためのもので，バネとダンパといわれる吸振装置からできています。図式的にあらわしたのが図2です。最近ではここにエンジンのパワーの一部をフィードバックして振動吸収性能を上げたアクティブサスペンションと呼ばれる機構も現れています。

さて，このような振動を効率的に吸収する装置，あるいはその必要性は大変多く存在します。我々の周りにはいろいろな種類の振動があり，それらをうまく押さえたり，制御したりすることで日常の生活が成り立っていることがずいぶんあるのです。自動車のサスペンションはもちろんその一例ですが，気づきにくい例としてはエレベータの振動吸収や，オーディオのスピーカーシステムがあります。後者は電気信号として送り込まれた信号をスピーカーが空気の振動に変えるのですが，その際，スピーカーの箱（エンクロージャ）とスピーカーの間には振動発生源とバネの関係が成立するので，その関係をうまく設計してやることが良い音を鳴らすために必要となってくるのです。またもっとハイテクな場面では，半導体の焼付けに使われる台の振動が出来上がりに影響するため，その防振が非常に重要というあまり知られていない事実もあります。

このように振動を制御することは，我々にとって非常に重要な意味を持ちます。ここでは簡単な振動現象の取り扱いについて考えてみましょう。

4 振動の方程式

図2に示したサスペンションの運動方程式を書き下してみましょう。自動車の質量を m，バネ定数 k，また時刻 t においてタイヤを通して路面から受ける力を $f(t)$，バネのつりあったときからの伸びを $x(t)$ とします。フックの法則によりバネを引き戻す力は $kx(t)$，ダンパーから受ける抵抗を $g(t)$ であらわしたとすると，ニュートンの法則により運動方程式は

$$m\ddot{x}(t) = -kx(t) - g(t) + f(t) \quad (1)$$

となります。抵抗とバネの復元力は $x(t)$ を引き戻す方向に働くので負号がついています。また $\ddot{x}(t)$ は時間に関する2階微係数です。（1階微係数は当然 $\dot{x}(t)$ で表します。）さて，$g(t)$ の大きさですが，これは $x(t)$ の速度 $\dot{x}(t)$ に（おおよそ）比例することが知られています。これは粘性抵抗といわれるもので，ねばねばした液体の中でものを動かすときに働く抵抗の大きさです。例えば風呂の中で手のひらを広げて左右に動かしたときのことを考えて見てください。ゆ

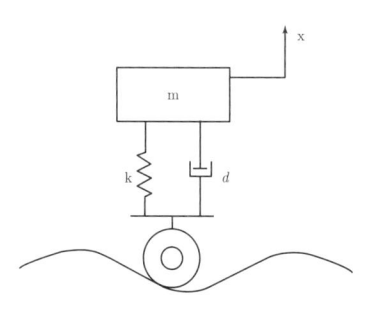

図2　サスペンションシステム

っくり動かしたときはほとんど抵抗を感じません．ところがスピードを上げていくと，それにともなってどんどん動かしにくくなっていきます．このように粘性抵抗は速度に比例して動きを妨げる力を発生する特性を持っています．これを考慮して(1)を書きなおすと，

$$m\ddot{x}(t)+d\dot{x}(t)+kx(t)=f(t) \quad (2)$$

となります．ただし，外力 $f(t)$ だけを右辺に置き，その他は左辺に移項しました．

5　微分方程式の解

この方程式は x の2階微係数を含んでいますので，高校までの知識では解けません．まず，簡単のため方程式全体を m で割って正規化しましょう．そうすると(2)式は

$$\ddot{x}(t)+2\varsigma\omega\dot{x}(t)+\omega^2 x(t)=f(t) \quad (3)$$

となります．ここで $k/m=\omega^2$，$d/m=2\varsigma\omega$（$\omega>0$），さらに $f(t)/m$ をもう一度 $f(t)$ と書きなおしています．

実はこの方程式の解は代数方程式

$$z^2+2\varsigma\omega z+\omega^2=0 \quad (4)$$

の根の様子に支配されるのです．具体的には

- $\varsigma>1$ のとき，(4)が2実根を持つ．
- $\varsigma=1$ のとき，(4)が重根を持つ．
- $\varsigma<1$ のとき，(4)が共役な複素根を持つ．

の3通りです．ところで(4)と(3)がよく似ていることに気づきませんか？　代数方程式(4)は(3)において，x の1階微係数を z，2階微係数を z^2 で置き換えて右辺を0として得られたものなのです．どうしてそれが重要なのかはここではひとまずおいておきましょう．とにかく(4)は微分方程式(3)の**特性方程式**と呼ばれています．

まず最初に $\varsigma>1$ の場合を考えましょう．このとき2根は

$$\alpha=\omega(-\varsigma+\sqrt{\varsigma^2-1}),$$
$$\beta=\omega(-\varsigma-\sqrt{\varsigma^2-1}),$$

となりますが，微分方程式(3)の解（ただし $f(t)=0$ と置いた同次方程式の解）はこの2根を用いて

$$x(t)=C_1 e^{\alpha t}+C_2 e^{\beta t}, \quad (5)$$

と表すことができます．2回微分して，確かに解になっていることを確認してください．

ここで C_1，C_2 は任意定数と呼ばれ，ある特定の解がある時点でどのような状態にあったかによって定まるものです．例えば，最初の時点（仮に $t=0$ としておきましょう）でバネが引っ張られた状態だったのか，それとも縮んでいたのかによって，その後の挙動は当然異なるでしょうし，同じ引っ張られるにしても，どれだけの長さ引っ張られたかによっても後の様子は違うはずです．

例えば，最初の $t=0$ の時点で $x=1$ のところまで伸びていて，かつそのとき $\dot{x}(0)=0$ だったとしましょう．$\dot{x}(t)$ を計算することにより，

$$C_1+C_2=1$$
$$\alpha C_1+\beta C_2=0$$

でなければならないことがすぐに分かります．これから C_1，C_2 の値はただ一つに定まります．このように解の最初の状態を定める条件を**初期条件**といいます．いまの方程式で言えば，初期条件は最初の位置とそのときの速度で定まるわけです．初期条件にはこのほかにもいろいろの組み合わせがあるでしょうから，それらにしたがって様々な解が発生することになります．

6　解は一つだけある

そういうことを考えると，そもそも(1)の解は(5)のようなものだけなのかどうか不安になりませんか？　特にここでは(5)を微分してみて解になることを確かめただけなのですから，他のまったく違うタイプの解が存在しないと言いきるのはちょっと勇気を要することではないでしょうか．

ところがここで便利な事情があって，微分方程式(1)の解は初期条件を定めると，ただ一つに決まってしまうという定理があるのです．微分方程式の**解の一意性**というものです．ここではある時点での位置と速度を指定したとき，それを満たす(1)の解はただ一つしかないということになります．ということは，天下りに与えられた(5)の解ではあるものの，いったんそれが解であることを確認してしまえば後は何も心配要らないということになります．言い換えれば少々いんちきな発見的解法で解に到達したとしても，解の一意性定理が成り立っていれば，後は定理が面倒を見てくれるということです．

7 解—続き

他の ς の値の場合の解を見てみましょう．やはり $f(t)=0$ としておきます．

- $\varsigma=1$ のとき
$$x(t)=e^{-\varsigma\omega t}(C_1+C_2 t)$$
- $0\leq\varsigma<1$ のとき
$$x(t)=e^{-\varsigma\omega t}(C_1\cos\mu\omega t+C_2\sin\mu\omega t)$$
$$\mu=\sqrt{1-\varsigma^2}$$

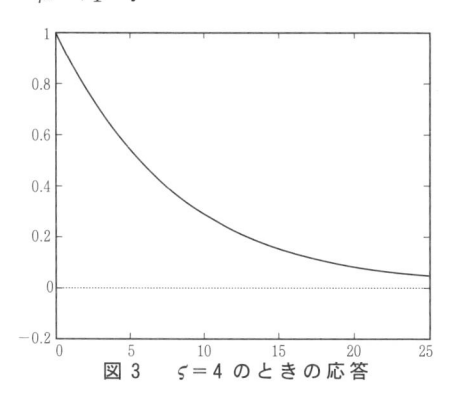

図3 $\varsigma=4$ のときの応答

$\omega=1$ として，$\varsigma=4$，1，0.25と変化させたときの解のグラフを図3-5に示します．$\varsigma=4$ のときは解は振動せず，ゆっくりと減衰していきます．また $\varsigma=1$ のときはより早く減衰します．さらに ς が1より小さくなると，解は振動的になります．（$\varsigma=0$ では減衰しなくなります．）このように ς の値は解のダンピングを左右するので，**ダンピングファクタ**と呼ばれています．特に $\varsigma=1$ は**臨界制動値**と呼ばれます．

バネとダンパの組み合わせが振動しては困る場合，$\varsigma=1$ に調整されることが多いようです．例えば自動ドアなどは一度開いた後，速やかに元に戻らなければなりませんが，戻っても図5のように振動してしまっては，ドアがぴったり閉じません．そこで $\varsigma=1$ に調整されていることが多いようです．

8 調整から制御へ

いつでも都合よく $\varsigma=1$ に調整できるような，バネとダンパの組み合わせが得られるとは限りません．もし微分方程式の右辺に強制力 $f(t)$ を何らかの仕方でかけることができるならば，この力を使って同じことを実現することができます．例えば方程式

$$m\ddot{x}(t)+d\dot{x}(t)+kx(t)=f(t) \quad (6)$$

において $\dot{x}(t)$，$x(t)$ が観測できて，それを $f(t)$ にフィードバックできたとしましょう．具体的には $f(t)=k_1 x(t)+k_2\dot{x}(t)$ とできたとします．そうすると(6)式は

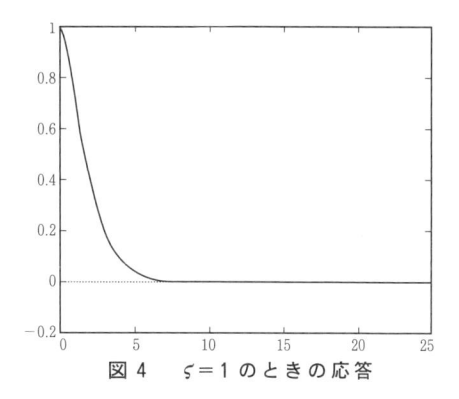

図4 $\varsigma=1$ のときの応答

$$m\ddot{x}(t)+(d-k_2)\dot{x}(t)+(k-k_1)x(t)=0 \quad (7)$$

となって，ダンピングファクタなどを自由に設定できることになります．例えば図5などのような振動的な応答を図4のような応答に変えることも可能というわけです．

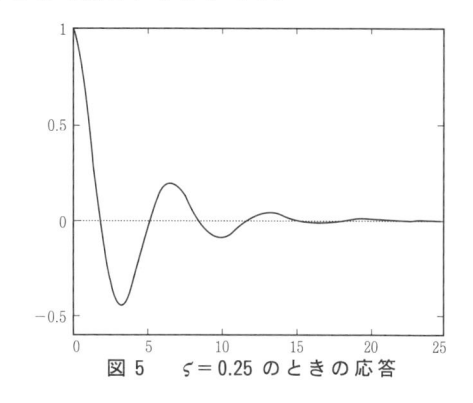

図5 $\varsigma=0.25$ のときの応答

さて，そういううまいことができるためには，$\dot{x}(t)$，$x(t)$ が測定できて上のような形で利用できなければなりません．$x(t)$ を測ることは比較的簡単にできるのですが，$\dot{x}$ の方はそう簡単ではなく，いろいろな雑音によって大きな誤差が発生してしまいます．このため $x(t)$ の観測値などから $\dot{x}$ を推定するといったことが必要となってきます．このようなことが可能となるためには，システムが**可観測性**といわれる性質を持っていることが必要で，このサスペンションシステムはそのようなシステムの一例となっています．同様に得られたシステムの状態から，フィ

ードバックによって系を自由に制御できるとき，システムは**可制御**であるといいます．このような条件が満たされるとき，システムはどのようにも制御できることが知られています．

ここで"どのようにも"と言いましたが，それがどのような内容を意味するのかが重要です．例えば上のようにダンピングファクタを1に調整するというようなことより，もっと積極的に制御を使ってその応答を図4などよりもっと速くする（すなわちサスペンションがもっと効率よく働く）ようにすることも可能なのです．これがアクティブサスペンションといわれているものです．それがどんなとき可能なのかは，むろん対象とするシステムによります．このとき，やってみて出来た，あるいはだめだったというのでは科学たり得ません．大事なことはここで述べてきた簡単な振動系よりもっと一般のモデルについて，システムのどういう性質に基づいて何が可能になるかが分かっているということなのです．それには上でちょっと触れた微分方程式の理論だけではなく，様々な数学が必要になってくるのです．またそういう風に現実と理論とが歩調を合わせて進展していくところに**数理工学の妙味**があるのだと言えるでしょう．

9 補足

数学的な中身が少なくなったので，(3)式について進んだ読者のために少し補足しておきます．$x(t), \dot{x}(t)$ を変数にとって，ベクトルで表現すると(3)は

$$\frac{d}{dt}\begin{bmatrix} x \\ \dot{x} \end{bmatrix} = \begin{bmatrix} 0 & 1 \\ -\omega^2 & -2\zeta\omega \end{bmatrix}\begin{bmatrix} x \\ \dot{x} \end{bmatrix} + \begin{bmatrix} 0 \\ 1 \end{bmatrix} f(t)$$

と書くことが出来ます．右辺を行列を使って $A\xi + Bf(t)$（ただし $\xi = [x, \dot{x}]'$）と表したとすると，このときの解を（ただし再び $f=0$ と置いた同次方程式を考えておきます）

$$\dot{x} = \lambda x$$

の場合にならって $e^{At}\xi(0)$ と（形式的には）書きたくなります．実際それは可能で，そうしたときに e^{At} の特性を支配するのが A の固有値あるいは特性方程式 $\det(zI - A) = 0$ であるわけです．計算すると分かりますが，後者は(4)に他なりません．これが(4)と(3)との類似性の根拠なのです．

Laplace変換や周波数応答との関係にも触れたかったのですが，紙数が尽きてしまいました．制御という学問のほんの入り口のそのまた手前で終わってしまったわけですが，小文によって読者が制御に少しでも興味を持たれれば幸いです．

さて，ここで述べた以上の様々な制御の例が[1]に解説されています．数式を使わずに制御のエッセンスが歴史を交えながら極めて分かりやすく解説されている名著です．一読をお勧めします．

参考文献

[1] 示村悦二郎：自動制御とは何か，コロナ社，1990

（やまもと　ゆたか）

②

システム制御と数理

太田　快人

1. ダイナミクスを有するシステム

制御では，対象の動的な振る舞い（ダイナミクス）に対応することが重要になり，このために動的な振る舞いの記述（システムモデル）を用いて制御方策を考える．たとえば動いている自動車は，急に止まることができない．これは，加えた力は加速度に反映されるのであって，速度や位置には動的に関係しているためである．

ダイナミクスを有するシステムを操るためには，一工夫を要することを簡単な例で見てみたい．ある変数 y を制御入力 u を用いて動かすのであるが，制御入力が変数の動きに反映されるためには，2ステップの時間がかかるものとする．数式で

$$y(t+1) = y(t) + u(t-1) \quad (1)$$

と書かれるものとする．最初に0の値をとっていた y を目標値 $r \neq 0$ に一致させるために，$u(t) = k(r - y(t))$ という入力を用いてみる．ここで k はフィードバックゲインとよばれる．もし $y(t) < r$ であれば，目標値に達するためには y を増加させなくてはならないので，u が正になるべきである．逆に $y(t) > r$ であれば u は負になるべきである．したがって，$k > 0$ に取ることは合理的に思える．実際には，$0 < k < 1$ のときにうまく目標値に追従する．

ところが入力が変数の動きに反映されるまでに3ステップを要する場合を考えてみる．つまりシステムダイナミクスは，

$$y(t+1) = y(t) + u(t-2) \quad (2)$$

で記述される．制御入力を $u(t) = k(r - y(t))$ と与えるとき，2ステップを要した場合と同様に考えて，$k > 0$ ととることは合理的に思える．どこまで k を大きくしてよいのだろうか？(1) 式に対して，うまく機能した $k = 0.65$ として，数値を計算した結果を図1に示す．$t \leq 0$ において

$y(t) = 0$ であったとして，$r = 1$ に追従するように制御した様子である．(1) 式のシステムに対しては，○で示す応答は，目標値に漸近していることがわかる．一方，(2) 式のシステムに対しては，+で示す応答は，目標値を大きく通り越したのち，振動的になっている．これは，目標値には近づいていないことがわかる．ダイナミクスの違いによって今まで機能していた制御方策が機能していないことがわかる．

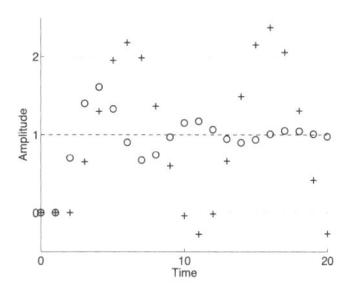

図1: シミュレーション結果

実際には，(2) 式に対して $u(t) = k(r - y(t))$ と与えるとき，うまく目標値に追従するフィードバックゲインの範囲は $0 < k < (\sqrt{5} - 1)/2$ であることを結論することができる．この範囲の上限は無理数になっているので，何らかの理論を用いたはずである．次節にその説明をしたい．

対象とする制御システムのモデルがあると合理的な制御方策を与えることができる．その意味で，システムを表現するモデルを用意するためのモデリング手法は重要である．また本節であげた例は，制御目的は，単に目標値追従ということのみであったが，一般には，さまざまな仕様を満たすように制御方策を与えなくてはならない．このようモデリングからはじまり適切な制御仕様を設定して合理的な制御方策を定めることが，システム制御理論の果たす役割である．

2. 安定解析

1節で述べた例について，目標値に追従できるフィードバックゲインの範囲を求めてみたい．$u(t) = k(r - y(t))$ とするとき $\bar{y}(t) = y(t) - r$ と置きなおすと $\bar{y}$ は差分方程式

$$\bar{y}(t+3) - \bar{y}(t+2) + k\bar{y}(t) = 0 \quad (3)$$

を満たしている．この差分方程式の安定解析をリアプノフの方法（Lyapunov method）を用いて行う．

ダイナミックスが差分方程式
$$x(t+1) = f(x(t)) \quad (4)$$
で記述されるとする．ここで x はベクトル値をとるものとする．(4) 式を状態方程式とよぶ．このとき $x_e = f(x_e)$ を満たす点を平衡点という．平衡点から多少ずれた点に初期点 $x(0)$ を与えるとき，平衡点まわりに留まるかどうか（安定性），平衡点に漸近するのかどうか（漸近安定性）を調べたい．なお安定性，漸近安定性の正確な定義は，本書の文献 [1] に記載がある．

関数 f は $f(0) = 0$ を満たすものとする．つまり原点が平衡点であるとする．このとき $V(0) = 0$ であり，原点の近傍で $x \neq 0$ ならば $V(x) > 0$ となる関数を正定関数ということにする．-1 倍して正定関数となる関数を負定関数であるという．ここで (4) 式の解に沿った変化を
$$\Delta V(x) = V(f(x)) - V(x) \quad (5)$$
と定める．ここで，(5) の関数は，差分方程式 (4) の解を計算する必要はなく，関数 V と f によって定まっていることに注意したい．

―― リアプノフの漸近安定性 ――
原点近傍で正定関数 V が存在して，ΔV が負定関数になるならば，(4) 式の平衡点である原点は漸近安定である．

直観的に説明をする．平衡点近傍での関数 V の等高線を描くと，解軌道は低いほうの等高線へと横切りながら動いていく．すると関数 V の極小値を与える平衡点に解は近づくことになる（図 2 参照）．数学的な証明には，厳密さが必要となるが，本稿では省略する．連続時間版の証明については，文献 [2] などを参照されたい．この関数 V をリアプノフ関数（Lyapunov function）とよぶ．

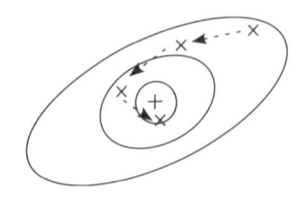

図 2: リアプノフの方法の直観的理解

差分方程式 (3) の安定性を議論するためにまず状態方程式に表す．式を一般化して
$$y(t+3) + a_1 y(t+2) + a_2 y(t+1) + a_3 y(t) = 0 \quad (6)$$
を考える（簡単のため上線は省いた）．状態を
$$x(t) = \begin{pmatrix} y(t) \\ y(t+1) \\ y(t+2) \end{pmatrix}$$
とし，行列 A を
$$A = \begin{pmatrix} 0 & 1 & 0 \\ 0 & 0 & 1 \\ -a_3 & -a_2 & -a_1 \end{pmatrix}$$
と定めて，$f(x) = Ax$ と定義すると，(6) 式は，(4) 式の状態方程式になる．$x = 0$ は (4) 式の平衡点になっている．行列
$$F = \begin{pmatrix} 1 & a_1 & a_2 \\ 0 & 1 & a_1 \\ 0 & 0 & 1 \end{pmatrix}, \quad G = \begin{pmatrix} a_3 & 0 & 0 \\ a_2 & a_3 & 0 \\ a_1 & a_2 & a_3 \end{pmatrix}$$
として，
$$P = F^\mathrm{T} F - GG^\mathrm{T}, \quad V(x) = x^\mathrm{T} P x \quad (7)$$
とおく．ここで
$$c = \begin{pmatrix} 1 - a_3^2 & a_1 - a_2 a_3 & a_2 - a_1 a_3 \end{pmatrix}$$
とおくと，直接計算によって
$$\Delta V(x) = -(cx)^2 \leqq 0$$
である．

ΔV は負定関数にならないが，恒等的に ΔV を 0 にする (4) 式の解が $x(t) \equiv 0$ しかない場合は，V が正定関数であれば漸近安定性が結論できる．これはラサールの定理（LaSalle's theorem）による（たとえば文献 [2] 参照）．V が正定関数であることと，P が正定行列であることは等価であることに注意したい．本稿では説明していないが，P が正定行列とならないときには，(4) 式の平衡点は漸近安定にならないことも示すことができる．このように差分方程式 (6) の安定性と (7) 式の行列 P の正定性が等価になることを利用した安定判別法をシューア・コーン条件（Schur-Cohn test）という．

ラサールの定理が適用できるための条件を調べてみる．$\Delta V(x) = 0$ と $cx = 0$ は等価である．$x(t_0) = x$ とすれば，$\Delta V(x(t)) = 0, t \geqq t_0$ なので，$cA^i x = 0, i = 0, 1, 2, \cdots$ である条件を求め

ることになる．しかしケーリー・ハミルトンの定理によって，この条件は $cA^i x = 0, i = 0, 1, 2$ に等しい．つまりラサールの定理が適用できるためには，$\{c, cA, cA^2\}$ が一次独立であることが必要十分である．

以下では，$a_1 = -1, a_2 = 0, a_3 = k$ として，漸近安定となるための k の条件を求めよう．ラサールの定理を適用できるのは，$k \neq 2, \left(\pm\sqrt{5}-1\right)/2$ である．このとき P が正定行列になる条件は，

$$1 - k^2 > 0, \quad k^4 - 3k^2 + 1 > 0,$$
$$-k(k-2)(k^2+k-1)^2 > 0$$

であるので，これを解くと結局，1節で得た範囲 $0 < k < \left(\sqrt{5}-1\right)/2$ を得る．

3. 安定性と最小自乗推定

前節では，(7) 式でリアプノフ関数を与えたが，天下り的な感じがしたのではないだろうか．しかしこの形の行列 P は，実は，様々な場面に登場するのである．ここでは推定理論との関係を述べてみたい．

時系列 $v(t)$ が

$$\mathbb{E}[v(t)] = 0, \quad \mathbb{E}[v(t)v(t-\tau)] = r(\tau) \quad (8)$$

を満たすとする．ここで $\mathbb{E}$ は期待値を表す．(8) 式の後半は，この期待値が τ のみに依存し，時系列 $v(t)$ が時間的に性質が変化しないことを表している．ここで非負整数 n に対して

$$R_n = \begin{pmatrix} r(0) & r(1) & \cdots & r(n) \\ r(1) & r(0) & \cdots & r(n-1) \\ \vdots & \vdots & \ddots & \vdots \\ r(n) & r(n-1) & \cdots & r(0) \end{pmatrix} \quad (9)$$

とおく．R_n は自己相関行列 (autocorrelation matrix) とよばれる．R_n は対角線に沿って同じ値が並ぶ構造をもつテプリッツ行列 (Toeplitz matrix) である．$w = x_0 v(t) + x_1 v(t-1) + \cdots + x_n v(t-n)$ として，x を x_0 から x_n を並べた行ベクトルとすれば，$0 \leq \mathbb{E}[w^2] = x R_n x^T$ であるから R_n は準正定行列である．ここでは，さらに R_n は正定行列になることを仮定する．

この時系列をある区間にわたって観測して，次の時刻の値の予測値を求めることにしたい．つまり $v(t-n), v(t-n+1), \cdots, v(t-1)$ を観測して，$v(t)$ の予測値 $\hat{v}(t)$ を求める．予測値は，観測値の線形関数で構成する．予測の規準は，予測誤差の自乗期待値を最小にすることとする．つまり問題は，

$$\min \mathbb{E}\left[e(t)^2\right] \quad (10)$$
$$e(t) = v(t) - \hat{v}(t)$$
$$\hat{v}(t) = h_1 v(t-1) + h_2 v(t-2)$$
$$+ \cdots + h_n v(t-n)$$

である．ここで

$$h = \begin{pmatrix} h_1 & \cdots & h_n \end{pmatrix}, \quad q_n = \begin{pmatrix} r(1) \\ \vdots \\ r(n) \end{pmatrix}$$

とする．

直接 $\mathbb{E}\left[e(t)^2\right]$ を計算すると

$$\mathbb{E}\left[e(t)^2\right]$$
$$= \begin{pmatrix} 1 & -h \end{pmatrix} R_n \begin{pmatrix} 1 & -h \end{pmatrix}^T$$
$$= r(0) - 2h q_n + h R_{n-1} h^T$$
$$= \left(h - q_n^T R_{n-1}^{-1}\right) R_{n-1} \left(h^T - R_{n-1}^{-1} q_n\right)$$
$$\quad + r(0) - q_n^T R_{n-1}^{-1} q_n$$

が成り立つ．R_{n-1}^{-1} は正定行列であるので，第1項は非負になる．$\mathbb{E}\left[e(t)^2\right]$ を最小にするためには，$h = q_n^T R_{n-1}^{-1}$ とすればよいことがわかる．

最小自乗推定

(10) 式の自乗期待値を最小化する係数は，
$$h = q_n^T R_{n-1}^{-1}$$
であり，最小化され自乗た期待値は
$$\gamma_n = r(0) - q_n^T R_{n-1}^{-1} q_n = r(0) - h R_{n-1} h^T$$
となる．

最適な係数は

$$\gamma_n^{-1} \begin{pmatrix} 1 & -h \end{pmatrix} R_n = \begin{pmatrix} 1 & 0 & \cdots & 0 \end{pmatrix}$$

であることにも注意する．これは

$$a_n = \gamma_n^{-1} \begin{pmatrix} 1 & -h \end{pmatrix} \quad (11)$$
$$= \begin{pmatrix} a_{0,n} & a_{1,n} & \cdots & a_{n,n} \end{pmatrix}$$

とするとき，a_n が逆行列 R_n^{-1} の第 1 行めになっていることを意味する．ここで

$$F = \begin{pmatrix} a_{0,n} & a_{1,n} & \cdots & a_{n-1,n} \\ 0 & a_{0,n} & \cdots & a_{n-2,n} \\ \vdots & \cdots & \ddots & \vdots \\ 0 & \cdots & 0 & a_{0,n} \end{pmatrix}$$

$$G = \begin{pmatrix} a_{n,n} & 0 & \cdots & 0 \\ a_{n-1,n} & a_{n,n} & \cdots & 0 \\ \vdots & \vdots & \ddots & \vdots \\ a_{1,n} & a_{2,n} & \cdots & a_{n,n} \end{pmatrix}$$

とする．このとき

$$R_{n-1}^{-1} = \frac{1}{a_{0,n}} \left\{ F^{\mathrm{T}} F - G G^{\mathrm{T}} \right\}$$

が成り立つ．この証明は [3] に与えられている．

最適係数を与える (11) 式のベクトル a_n については，再帰的な計算方法が成立する．まず (9) 式の行列 R_n の構造を用いると

$$\begin{pmatrix} a_n & 0 \end{pmatrix} R_{n+1} = \begin{pmatrix} 1 & 0 & \cdots & 0 & c_n \end{pmatrix}$$
$$\begin{pmatrix} 0 & \tilde{a}_n \end{pmatrix} R_{n+1} = \begin{pmatrix} c_n & 0 & \cdots & 0 & 1 \end{pmatrix}$$

である．ただし $\tilde{a}_n$ は a_n の要素を逆に並べたベクトルであり，

$$c_n = \sum_{i=0}^{n} a_{i,n} r(n+1-i)$$

である．すると

$$a_{n+1} = \frac{1}{1-c_n^2} \begin{pmatrix} a_n & 0 \end{pmatrix} - \frac{c_n}{1-c_n^2} \begin{pmatrix} 0 & \tilde{a}_n \end{pmatrix} \tag{12}$$

は

$$a_{n+1} R_{n+1} = \begin{pmatrix} 1 & 0 & \cdots & 0 \end{pmatrix}$$

を満たしている．(12) 式と

$$\gamma_{n+1} = \left(1 - c_n^2\right) \gamma_n$$
$$a_0 = \gamma_0^{-1}, \quad \gamma_0 = r(0)$$

をあわせて再帰的に R_n の逆行列を求める方法をレビンソンのアルゴリズム（Levinson algorithm）という．

レビンソンのアルゴリズムを最小自乗推定に適用すると図 3 の構造のフィルタを得る．ここでは最初の 2 つのブロックしか書いていないが，同様の構造を n 個つなげると観測長さが n であるときの最小自乗推定問題を解くフィルタができる．ここで z^{-1} と書いた箱は，左にある信号を 1 ステップ遅らせて右側に出力する装置である．また三角の箱は定数倍の装置，丸は，信号の足し合わせ（符号によって減算）をする加算器である．たとえば図 3 において

$$e_1(t) = v(t) - c_0 v(t-1) = v(t) - \frac{r(1)}{r(0)} v(t-1)$$

となっている．図の上側の加算器の直後に，左から順に $n = 1, 2, \cdots$ としたときの問題 (10) の最適予測誤差 $e(t)$ が得られる．このフィルタをラティスフィルタ（lattice filter）という．

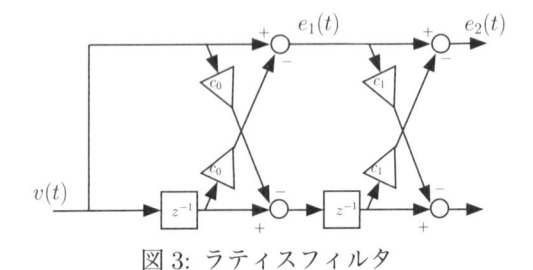

図 3: ラティスフィルタ

本節でわかったことは，安定解析問題と最小自乗推定問題との関連性である．それはテプリッツ行列の逆行列という点でつながっているのである．安定性を判別するためのリアプノフ関数として登場するのは，(7) 式の形の行列であり，その正定性が差分方程式の安定性と等価になる．一方，最小自乗推定問題の解と自己相関行列の逆行列の関連を考え，その逆行列が (7) 式の形をしていることもわかった．またその逆行列の計算方法からは，最小推定推定の誤差をあらわすラティスフィルタという特徴的な構造をもつフィルタが得られている．本稿では述べていないが，このテプリッツ行列の逆行列は，単位円上の直交多項式の理論で登場するクリストッフェル・ダルブー公式（Christoffel-Darboux formula）と関連があることも指摘されている [4]．

このように，一見関連なさそうな事柄にも接点があることに注意いただきたい．ダイナミクスを有するシステムの目標値追従という個別的な工学問題からテプリッツ行列の逆行列という数学問題，さらに単位円上の直交多項式という一般的な数学問題へとのつながりがある．またラティスフィル

タの構造に見られるように，問題の解もまた整った形をしていることにも注意したい．

4. 制御理論の広がり

前節では，安定性解析という特別な問題について，制御理論の広がりを述べた．他分野の学問との相互の交流によって，理論は発展してきているともいえる．1980年代からはじまったロバスト制御の研究においては，作用素論などの関数解析の結果が理論をすすめるのに大きな役割を果たし，1990年代にはいってその計算方法に焦点が移ると，凸最適化などの結果を利用した計算アルゴリズムの研究がすすんだ．

2000年以降は，単独の制御対象ではなく，それらがネットワークでつながることを想定した研究がさかんになってきている．通信路を介することで，送信される信号の制約，信号遅延，誤りなどが起こるので，それが制御システムに与える影響の解析や，それに対処する方策を考えることが必要となってきた．

解析の立場からは，基本的な問いかけとして，送信される信号の制約によってどれだけ制御能力が劣化するかという制御限界について考えることが挙げられる．きわめて簡単化された問題設定となるが，送信信号が有限個のアルファベットに限定された場合の安定化問題を考える．制御対象は

$$x(t+1) = ax(t) + u(t), \quad x(0) \in [-M, M]$$

と表されるものとする．ただし x はスカラーの状態変数，u は制御入力，$M > 0$ は既知の定数であり，初期値 $x(0)$ は区間 $[-M, M]$ に属する以外は未知とする．状態量 $x(t)$ を N 個のシンボルを用いて送信して（無雑音ディジタル通信路），入力 $u(t)$ を発生させるものとする．つまり1サンプルあたり $R = \log_2 N$ ビットの通信が可能な状況設定である．このとき初期値の如何にかかわらず $x(t) \to 0$ を達成できる（安定化できる）ための条件を考えてみたい．

この問題は，制御入力を発生させるために $x(t)$ の値そのものを使ってよければ自明であり，$u(t) = -ax(t)$ とすれば必ず安定化できる．しかし有限個のシンボルで送信するという制約下では，

$$\log_2 |a| < R \tag{13}$$

を満たす場合にのみ安定化できる．N 個のシンボルを用いる場合，$x(t)$ が存在する集合を N 分割することが可能である．一方，1ステップごとに，x の含まれる集合はその大きさが $|a|$ 倍されるので，$|a|/N < 1$ であることが $x(t)$ が属する集合が縮小するために必要十分となるからである．通信路を介することによって生じる制御の限界が(13)式に表れている．この例は，簡単化されてすぎているとも言えるが，情報量と制御の間の関係を与える基本的な式である．状態が1次元ではない場合や，外乱が加わる場合など，さらに複雑な場合の通信路の伝わる情報量と制御性能の関係についての研究が活発に行われている．たとえば文献 [5] を参照されたい．

システム制御について概観してみようと思われる方には，文献 [6],[7] を勧めたい．特に [7] は，教科書とは異なり，縦書きの本として，すぐれた解説になっている．

参考文献

[1] 藤岡久也, 安定性・安定化・ロバスト安定化, 数理工学のすすめ（第3版）, 現代数学社, 2011.

[2] 井村順一, システム制御のための安定論, コロナ社, 2000.

[3] W.F. Trench, "An algorithm for the inversion of finite Toeplitz matrices," SIAM J. Appl. Math., vol.12, no.3, pp.515–522, 1964.

[4] T. Kailath, A. Vieira, and M. Morf, "Inverses of Toeplitz operators, innovations, and orthogonal polynomials," IEEE CDC, pp.749–754, 1975.

[5] G.N. Nair, F. Fagnani, S. Zampieri, and R.J. Evans, "Feedback control under data rate constraints: an overview," Proceedings of the IEEE, vol.95, pp.108–137, 2007.

[6] 大須賀公一, 足立修一, システム制御へのアプローチ, コロナ社, 1999.

[7] 木村英紀, 制御工学の考え方, 講談社（ブルーバックス新書）, 2002.

（おおた よしと）

③

安定性・安定化・ロバスト安定化

藤岡　久也

1　はじめに

私の専門は制御工学です．制御工学とはおおまかに言って「システムを思いどおりに動かすための体系的な方法を明らかにする学問」です．

制御工学において安定性はもっとも基本となる概念の1つです．また不安定なシステム（正確には不安定平衡点）の安定化はもっとも基本的な問題の1つです．

ここでは倒立振子とよばれるメカニカルシステムを例にとって，安定性およびフィードバック制御による安定化について概説し，ロバスト安定化の考え方を紹介したいと思います．

2　倒立振子

台車，振子，ボールから構成される図1のメカニカルシステムを考えます．ボールは振子の先端に取りつけられており，振子は台車上で回転することができます．台車は水平方向に動くことができます．

ここでの目的は振子を鉛直に立て，さらに台車を静止させることです．何もしなければ振子が倒れてしまうことはすぐにわかると思います（長い棒を手の平の上で立てることをイメージしてください）ので，台車に対して水平方向に，またはボールに対して回転方向に力を加えることができるものとします．

このシステムは，通常の単振り子とは上下が逆になっているので倒立振子とよばれています．

まず倒立振子の挙動の数理モデル，具体的には倒立振子の運動方程式を導出しましょう．簡単のため台車とボールを質点とみなし，振子は剛体で質量はないものとします．また摩擦や空気抵抗はないとします．

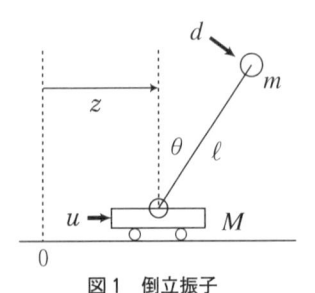

以上の仮定のもとで，時刻 t における台車の位置と振子の角度を $z(t)$, $\theta(t)$, 台車とボールに加わる力を $u(t)$, $d(t)$ とそれぞれおくと，台車の水平方向および振子の回転方向に関する運動方程式は以下となります：

$$(M+m)\ddot{z} + m\ell\left(\ddot{\theta}\cos\theta - (\dot{\theta})^2\sin\theta\right) = u, \quad (1)$$

$$m\left(\ddot{z}\cos\theta + \ell\ddot{\theta} - g\sin\theta\right) = d. \quad (2)$$

ただし M, m ($M>m$) は台車およびボールの質量，ℓ は振子の長さ，g は重力加速度であり，t に関する微分をドットで表しています．

(1), (2) を1つの1階微分方程式にまとめておきましょう．

$$\dot{x} = f(x) + g(x, u) + h(x, d). \quad (3)$$

ただし

$$x^T(t) := \begin{bmatrix} z(t) & \theta(t) & \dot{z}(t) & \dot{\theta}(t) \end{bmatrix}$$

$$f(x) := \begin{bmatrix} \dot{z} \\ \dot{\theta} \\ \dfrac{m\sin\theta}{\triangle(\theta)}\left(\ell(\dot{\theta})^2 - g\sin\theta\cos\theta\right) \\ \dfrac{\sin\theta}{\triangle(\theta)}\left(\dfrac{(M+m)g}{\ell} - m(\dot{\theta})^2\cos\theta\right) \end{bmatrix},$$

$$g(x, u) := \begin{bmatrix} 0 & 0 & \dfrac{1}{\triangle(\theta)} & -\dfrac{\cos\theta}{\ell\triangle(\theta)} \end{bmatrix}^T u,$$

$$h(x, d) := \begin{bmatrix} 0 & 0 & -\dfrac{\cos\theta}{\triangle(\theta)} & \dfrac{M+m}{m\ell\triangle(\theta)} \end{bmatrix}^T d,$$

$$\triangle(\theta) := M + m\sin^2\theta > 0$$

であり，$(\cdot)^T$ は転置を表します．

微分方程式(3)に外部からの入力 $u(t)$, $d(t)$ と時刻 $t=0$ における条件

$$x(0) = \begin{bmatrix} z(0) & \theta(0) & \dot{z}(0) & \dot{\theta}(0) \end{bmatrix}^T$$

を与えれば，時刻 $t \geq 0$ における台車の位置と振子の角度が決定されます．つまり，倒立振子の挙動は(3)によって（仮定のもとで）完全に記述されています．

3　安定性

何もしなければ倒れてしまう倒立振子を"不安定"な"システム"だと思うのは自然なことだと思います．本節ではそのことを数理モデルを用いて表現します．

制御しないとき $u(t) \equiv 0$, $d(t) \equiv 0$ ですので(3)は

$$\dot{x} = f(x) \quad (4)$$

となります．また私たちの目標である振子が鉛直に立ち，台車が静止した状態は

図1　倒立振子

$$x(t) = 0$$

と表すことができます．したがって私たちがいう"不安定さ"に定義を与えるとすれば何らかの意味で $x(t)$ と 0 が近くないことになるはずです．しかしながら

$$f(0) = 0$$

であることに注意すると，適切な定義を与えるのはそれほど簡単ではないことがわかります．

$x(0) = 0$ とすると（4）より $\dot{x}(0) = 0$ となり，結局 $t \geq 0$ で $x(t) \equiv 0$ となります．つまり初期条件によっては $x(t)$ と 0 は近くないとはいえません．図2は（4）の解のうち $\theta(t), \dot{\theta}(t)$ をいくつかの初期条件 $x(0)$ に対してプロットしたものです．$\theta(t)$ と $\dot{\theta}(t)$ はその初期点から図中の矢印にしたがって変化することを示しています．

図2から $(\theta(t), \dot{\theta}(t))$ はほとんどの初期条件に対して $(0, 0)$ にならないが，$(0, 0)$ になる初期条件も存在することが確認できます．

もう1つ注意すべきことは振子が下を向いた状態，つまり台車に乗った単振り子の運動方程式もやはり（4）で与えられることです．台車に乗った単振り子は"安定"だと考えるのが自然でしょう．同じ（4）で表現されていても一方は

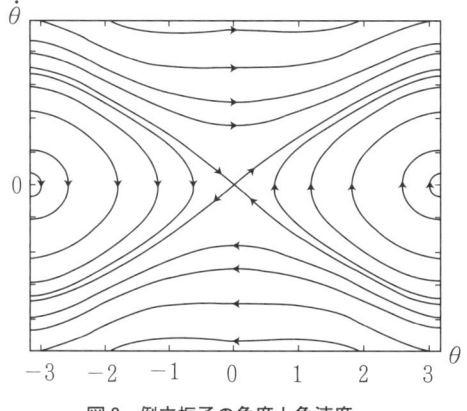

図2 倒立振子の角度と角速度

"安定"であり一方は"不安定"です．このことから安定性は $f(\cdot)$ だけでは定義できないものであることがわかります．

以上の考察のもとで"安定"であることをどう定義するのが適切なのでしょうか．実は安定性は以下で定義されています：

定義1 $x(t) \equiv x_0$（定数）が $\dot{x} = f(x)$ を満たす，すなわち

$$f(x_0) = 0$$

が成立するとき x_0 を $\dot{x} = f(x)$ の平衡点という．

定義2 x_0 を $\dot{x} = f(x)$ の平衡点とする．任意の $\varepsilon > 0$ に対して $\delta > 0$ が存在し

$$\|x(0) - x_0\| < \delta \tag{5}$$

ならば $t \geq 0$ において

$$\|x(t) - x_0\| < \varepsilon \tag{6}$$

が成立するとき平衡点 x_0 は安定であるという．ただし $\|\cdot\|$ はユークリッドノルム[注1]である．

安定性が（4）とその平衡点の組の性質として定義されていることに注意してください．

定義1より $x = 0$ は平衡点です．十分小さな $\varepsilon > 0$ に対して（6）が成立すれば"安定"であるというのは納得できると思いますが，定義2は $x = 0$ を不安定と判定するものでしょうか．

$\varepsilon = \pi$ とすると（6）を満たすために $\theta, \dot{\theta}$ は図2において中心 $(0, 0)$ 半径 π の円の内部に

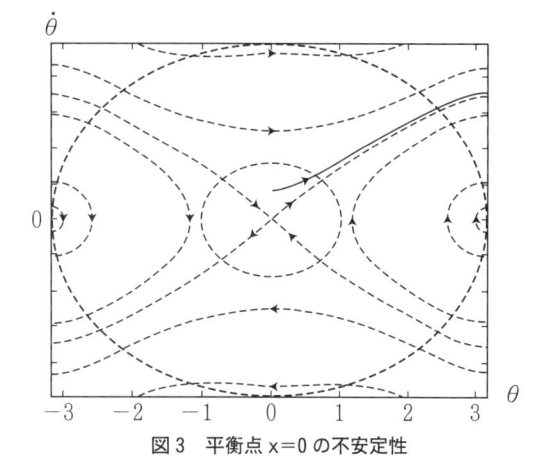

図3 平衡点 x=0 の不安定性

なければなりません．ところがどんなに $\delta > 0$ を小さくとっても（5）を満たす

$$x(0) = \begin{bmatrix} 0 & 0 & 0 & \delta/2 \end{bmatrix}^{\mathrm{T}}$$

から出発した解 $x(t)$ は半径 π の円の外に出ることが図3からわかると思います．すなわち定義2にしたがえば $x = 0$ は不安定です．

同様に，振子が下を向いた状態に対応しているもう1つの平衡点

$$x_\pi := \begin{bmatrix} 0 & \pi & 0 & 0 \end{bmatrix}^{\mathrm{T}}$$

は安定であると判定され，結局定義2は定義として適切であることが確認されます．

私たちはシステムに対して安定/不安定という言葉を日常的に使いますが，（無意識のうちに）ある特定の平衡点に対して使っているのです．

4 安定化

前節における現象の解析は興味深いものではありますが，私たちの目的は振子を鉛直に立て台車を静止させることでした．思い通りに動く

システムを構築するという目的はまだ達成されていません．この目的は$x=0$が安定平衡点になれば達成されますので，本節では(4)の不安定平衡点$x=0$の安定化問題を考えます．

安定化に成功したとすると(6)より十分小さな$\varepsilon>0$に対して$\|x(t)\|<\varepsilon$が成立します．このとき$z, \theta, \dot{z}, \dot{\theta}$の絶対値は十分小さくなるので，これらの2次以上の項は0とみなしてもよいでしょう．同様に$\sin\theta, \cos\theta$は

$$\sin\theta \approx \theta, \quad \cos\theta \approx 1$$

と近似してもよいでしょう．このとき(3)は

$$\dot{x}(t) = Ax(t) + Bu(t) + Dd(t), \tag{7}$$

$$A := \begin{bmatrix} 0 & 0 & 1 & 0 \\ 0 & 0 & 0 & 1 \\ 0 & -mg/M & 0 & 0 \\ 0 & (M+m)g/(M\ell) & 0 & 0 \end{bmatrix},$$

$$B := \begin{bmatrix} 0 & 0 & 1/M & -1/(M\ell) \end{bmatrix}^{\mathrm{T}},$$

$$D := \begin{bmatrix} 0 & 0 & -1/M & (M+m)/(Mm\ell) \end{bmatrix}^{\mathrm{T}}$$

となります．

これは(3)の$x=0$における線形化とよばれる操作です．(3)はすべてのxにおけるシステムの特性を記述していますが非線形性のため取り扱いは容易ではありません．十分0に近い範囲のxのみを考えるのでよりシンプルな(7)を考えます．

まず(4)に対応する

$$\dot{x} = Ax \tag{8}$$

を考えます．明らかに$x=0$は(8)の平衡点となります．次の定理は$x=0$の安定性を代数的な条件で表現したものです．

定理 1 $\dot{x} = Ax$においてAのすべての固有値の実部が負ならば$x=0$は安定である．

(証明) Aの固有値を$\lambda_1, \ldots \lambda_n$，対応する固有ベクトルを$v_1, \ldots, v_n$とおく：

$$Av_i = \lambda_i v_i; \quad (i=1, \ldots, n).$$

簡単のためλ_iはすべて相異なるとすると

$$V := \begin{bmatrix} v_1 & \cdots & v_n \end{bmatrix}$$

は正則であるから$\xi := V^{-1}x$を定義することができて

$$\dot{\xi} = V^{-1}\dot{x} = V^{-1}AVV^{-1}x = \Lambda\xi$$

となる．ただし

$$\Lambda := \begin{bmatrix} \lambda_1 & & 0 \\ & \ddots & \\ 0 & & \lambda_n \end{bmatrix}.$$

したがって$\xi_i(t) = \mathrm{e}^{\lambda_i t}\xi_i(0)$であるから

$$x(t) = V\mathrm{e}^{\Lambda t}V^{-1}x(0).$$

ただし

$$\mathrm{e}^{\Lambda t} := \begin{bmatrix} \mathrm{e}^{\lambda_1 t} & & 0 \\ & \ddots & \\ 0 & & \mathrm{e}^{\lambda_n t} \end{bmatrix}.$$

倒立振子の線形化モデル

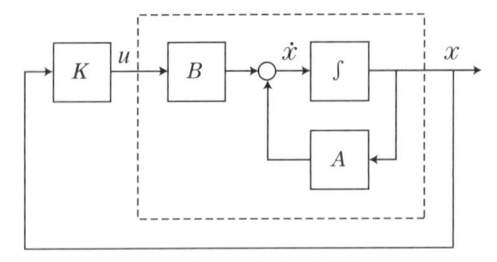

図4 フィードバック制御

λ_iの実部が負なので

$$\lim_{t \to \infty} \mathrm{e}^{\lambda_i t} = 0.$$

よって任意の$x(0)$に対して

$$\lim_{t \to \infty} \|x(t)\| = 0 \tag{9}$$

となる．したがって$x=0$は安定である．λ_iに重複がある場合も同様にして証明できる．■

さて台車に対する水平方向の力uとボールに対する回転方向の力dのどちらを使った方がうまく制御できると思いますか？

まずuだけを使って安定化することを考えましょう．具体的にはフィードバック制御

$$u(t) = Kx(t) \tag{10}$$

を用います（図4参照）．(10)と$d \equiv 0$を(7)に代入すると

$$\dot{x}(t) = (A + BK)x(t)$$

となります．定理1より$A+BK$のすべての固有値の実部が負になるKを用いれば$x=0$は安定となりますが，そういうKを見つけることは可能でしょうか．

$A+BK$の固有値を$\alpha_1, \alpha_2, \alpha_3, \alpha_4$に配置したいとします．ただし

$\beta_0 := \alpha_1\alpha_2\alpha_3\alpha_4,$
$\beta_1 := -(\alpha_2\alpha_3\alpha_4 + \alpha_1\alpha_3\alpha_4 + \alpha_1\alpha_2\alpha_4 + \alpha_1\alpha_2\alpha_3),$
$\beta_2 := \alpha_1\alpha_2 + \alpha_1\alpha_3 + \alpha_1\alpha_4 + \alpha_2\alpha_3 + \alpha_2\alpha_4 + \alpha_3\alpha_4,$
$\beta_3 := -(\alpha_1 + \alpha_2 + \alpha_3 + \alpha_4)$

はすべて実数であるとします．代数的な操作の結果，$A+BK$の固有値を配置するKは次で与えられることがわかります：

図5 インパルス応答

$$K = \begin{bmatrix} k_1 & k_2 & k_3 & k_4 \end{bmatrix},$$

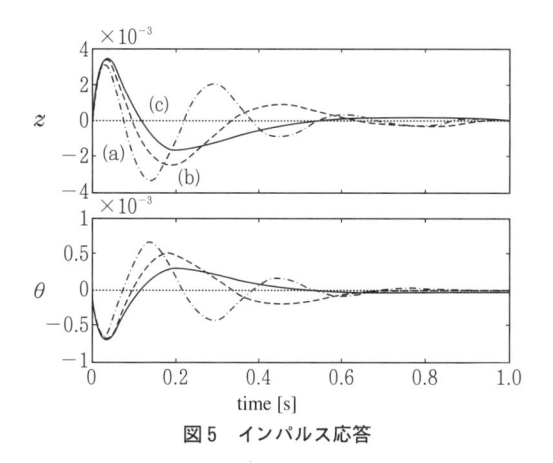

$k_1 := \beta_0 M\ell/g, \quad k_2 := \beta_2 M\ell + (M+m)g + k_1\ell,$

$k_3 := \beta_1 M\ell/g, \quad k_4 := \beta_3 M\ell + k_3\ell.$

図5は$A+BK$の固有値を$-20, -20, -5 \pm \gamma j$($j$は虚数単位)と指定したときのインパルス外乱に対する応答を示しています。ただしγは(a)では20,(b)では10,(c)では0としています。γが大きくなると応答は速くなりますが振動的になっており，固有値をうまく指定すれば望ましい応答にできることがわかると思います．

ここで用いた安定化手法は極配置法として知られています．ここではパラメータが陽に現れる形でKを求めましたが，Kを数値的に計算するアルゴリズムが確立されています．

次にdのフィードバック

$$d(t) = Fx(t) \qquad (11)$$

により安定化することを考えましょう．(11)と$u \equiv 0$を(7)に代入すると

$$\dot{x}(t) = (A+DF)x(t)$$

となります．ところが$A+DF$のすべての固有値の実部を負とするFは存在しないことがわかります：上式の両辺に左から

$$\begin{bmatrix} 0 & 0 & M+m & m\ell \end{bmatrix}$$

をかけて整理すると

$$(M+m)\ddot{z} + m\ell\ddot{\theta} = 0$$

となります．したがって初期条件が

$$(M+m)\dot{z}(0) + m\ell\dot{\theta}(0) > 0$$

を満たす場合を考えると，どんなFを用いても$x=0$が安定ではないことがわかります．

台車を動かせば(uを使えば)安定化できるのに，振子を直接動かして(dを使って)安定化

できないのは不思議なことだと思いませんか．
このこと[注2]は倒立振子をいくら見つめても簡単にわかることではありませんが，(7)に基づけば簡単に判定することができます．これは知見として有用なものであり，数理モデルを用いる大きなメリットの1つです．

5 おわりに：ロバスト安定化

倒立振子というメカニカルシステムを例に安定性およびフィードバックによる安定化問題を考えました．"振子を立てる"ことが数理モデルに基づき安定化問題として定式化され，システマティックに解けることがわかっていただけたでしょうか．

しかしながらここで紹介した手法を用いてもうまく制御できない場合があります．原因としては

(i) 線形化：前節で紹介した安定化手法は非線形性を無視した線形化モデル(7)に基づくものでしたから，$x(0)$が0から非常に離れている場合xがどうなるかは保証されません．

(ii) パラメータ誤差：Kを計算するにはMやℓの具体的な値が必要ですが，それらが正確でないのかもしれません．

(iii) 数理モデルの不完全さ：非線形モデル(3)も近似を含んでいます．摩擦を無視しましたし，振子は実際には剛体ではなく柔軟であり質量を持ちます．

などが考えられます．

これらに対する有効な方法の1つとしてロバスト安定化が近年盛んに研究されています．ロバスト安定化問題とは制御対象の集合を考えその集合に属するすべての制御対象の$x=0$を安定化する問題です．たとえば(ii)のパラメータ誤差に対しては

$$M \in [M_0, M_1], \quad m \in [m_0, m_1], \quad \ell \in [\ell_0, \ell_1]$$

を満たすM, m, ℓに対応する制御対象の集合を考え$x=0$を安定化するKを求めればよいことがわかると思います．

現実の現象を数理モデルを用いて説明することには大きな意義があります．しかし残念ながら完全な数理モデルを求めることは不可能であり，また可能であったとしても非常に複雑なものとなり制御する立場からは有用なものとはならないでしょう．

これに対してロバスト安定化においては現実の制御対象が(比較的単純なモデルの)集合としてモデル化されます．これは大きな発想の転換であり，注目するべきことだと思います．

こういった発展が現実のシステムを思いどおりに動かしたいという工学的なモチベーションに支えられているところが制御工学の魅力の1つだと思っています．

(注1) $\|x(t)\|^2 = (z(t))^2 + (\theta(t))^2 + (\dot{z}(t))^2 + (\dot{\theta}(t))^2$
(注2) 制御工学では(A, B)は可安定であり(A, D)は可安定でないと表現します．

(ふじおか　ひさや)

④

最 適 制 御

鷹羽 淨嗣

1 はじめに

制御は，身近なエアコン，エレベータから人工衛星，産業用ロボットやジャンボジェット機にいたるまであらゆるシステムの中に存在しており，どんなシステムも制御なくしては私たちが望むように動作してくれません．制御の技術は私たちにとって不可欠なものです．

対象とするシステムや目的によって，さまざまな制御が考えられますが，その中で本稿では「最適制御」について紹介します．まず「最適」という言葉は横に置いておいて，「制御」とはどういうことか考えてみましょう．

制御とは何か，一言で説明すると，「与えられた目的を達成するために，適当な入力を加えることにより対象システムを操作する」ということになります．例として，寒い部屋をエアコンで暖房することを考えます．ここでの目的は，室温が設定した温度に一致するようにヒーターを制御することです．エアコンは，現在の室温を温度センサーで測り，それが設定温度よりも低ければヒーターをオンにして，高ければヒーターをオフにします．性能の良いエアコンならば，オン，オフだけでなく，設定温度と室温との温度差に応じてヒーターの強さを調節したりもするでしょう．このように，制御量（この例では室温）を計測しその測定値に基づいて入力を決める制御方式は，「フィードバック制御」と呼ばれています．

さて，室温を設定温度に一致させるといっても，そのための制御の仕方はさまざまです．例えば，時間をかけてもいいからヒーターを弱くしてゆっくりと暖めたり，逆にヒーターを強くしてできる限り速やかに室温を設定温度にする方法などがあります．このように無数にある制御の中から，私たちは最も良い制御を選ばなければなりません．与えられた制御目的を達成するにはどのような入力を加えればよいのでしょうか？この疑問に理論的な回答を与えるのが最適制御の理論です．

2 最適制御問題とは

火星探査船をのせて一定の推進力で地球から火星に向かうロケットを考えてみましょう．宇宙空間ではロケットは燃料を補給することができません．推進力が一定である場合，限られた燃料で火星に到達するために，ロケットは，エンジンの噴射方向を操作して出来るだけ航行距離の短い経路を飛ばなくてはなりません．どのように噴射方向を操作すれば最も短い経路で火星に着けるでしょうか？(注1)

この例では，制御の良し悪しを決める尺度は，地球から火星に到達するまでの航行距離です．この航行距離が短ければ短いほど良い制御であり，最小にするのが最も良い制御すなわち最適制御となります．ここで重要なことは，制御が所期の目的をどれだけ達成しているか（このことを制御性能といいます）を航行距離という具体的な量で表していることです．つまり，制御の最適性を議論するためには，制御性能を定量的に評価する関数を持ち込む必要があります．この関数のことを評価関数といいます．以上より，最適制御問題は，『与えられたシステムに対して，制御性能を表す評価関数を最小（または最大）にする制御を求める最適化問題』として定式化することができます．

3 最適性の原理

最適制御問題を解くときの基本となる「最適性の原理」を簡単な例を使って説明します．

図1に示すような碁盤の目地図上で，A地点からB地点へ行く経路を探す問題を考えます．私たちは，1回のステップで線分上を上か右へ1マス分だけ進むことによって，1つの地点（黒丸）から隣の地点へ移動します．それぞれの線分のとなりの数字はその線分を通過するのにかかる時間を表しています．もっとも速くB地点へたどり着くにはどのような経路を進めば良いのでしょうか？この問題は，進む方向（上または右）を入力として，移動しながら目的地点へ到達しようとする制御問題と考えることができます．制御性能を表す評価関数は，A地点を出発してからB地点に到着するまでにかかる時間となります．

A地点からB地点へ移動するには全部で20通りの

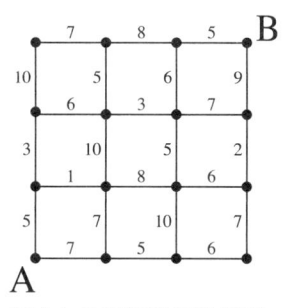

図1：最短経路探索問題

経路がありますが，その20本の経路すべての時間を計算するのは非常に大変です．そこで，最短時間の経路を探すために，B地点から逆にたどっていくことにしましょう．

A地点からB地点へ到達するには6ステップかかります．最終の第6ステップでB地点に到着するのですが，図2に示すように，B地点につながっている道はa地点からか，b地点からかのどちらかになり，それぞれ5と9の時間がかかります．これら2つの地点からB地点に向かって矢印をつけおきます．また，それぞれの地点からB地点へ至る時間を○で囲って記しておきます．

その前の第5ステップでは，3つの地点からB地点に至る経路が考えられます．そのうち，図2の中でx地点からB地点に到達するには，いったん上にあがりa地点を経てB地点に行くか，右からbを通って行くかの2通りになり，速いのは前者の方で5+6=11時間かかります．最短経路の方向（上）に向かってx地点から矢印をつけます．他の地点についても同様にB地点に至る最短時間を計算し，最短経路の方向に矢印をマークしていきます．ある地点からB地点に至る最短時間の候補は，隣の地点からの最短時間とそこへ移動するのに要する時間を足し合わせることによって計算できますから，すべての経路を探索する必要はありません．

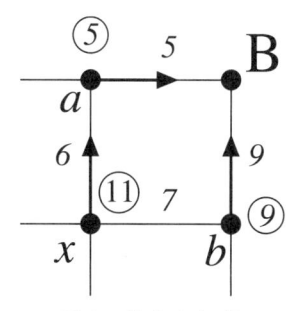

図2：後向き探索

そうすると，結局，図3のような地図ができます．図中○で囲った数字は，対応する地点からB地点へ至る最短時間を表しています．ここで，最短時間でA地点からB地点に到達する経路は図中の破線となりますが，これはA地点から順に矢印を辿っていったものです．したがって，「全体の最短経路（破線）上の任意の地点xにおいて，そこから終端点Bに至る破線の部分経路は，つねにx－B間の最短経路となっている」ということがわかります．この事実は『最適性の原理』と呼ばれています．この原理は，一般の最適制御問題でも成立し，最適な制御を求める際に鍵となるものです．

4 最適レギュレータ問題

最適性の原理に基づいて，典型的な最適制御問題である最適レギュレータ問題を解いてみましょう．

入出力関係が差分方程式

$$x_{t+1} = Ax_t + bu_t, \quad y_t = Cx_t \quad (1)$$

で表されるシステムを考えます．ここで，tは時間ステップを表し，u_t, y_tはそれぞれ第tステップにおける入力と出力を表し，x_tはシステムの内部状態を表すベクトルです．また，行列A, bは適当な次元の定

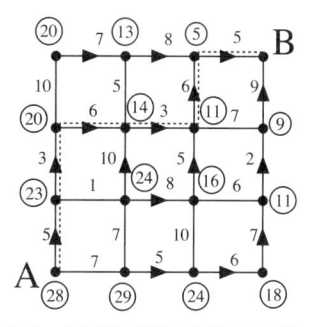

図3：最短経路探索問題の解

数行列です．以下では，入力u_tはスカラー値をとるものとします．(1)式は$t = 0, 1, 2, \cdots$といった離散的な時間ステップに対するシステムの振舞いを表していますので，このようなシステムは「離散時間システム」と呼ばれています．離散時間システムは，おもに，コンピュータを用いたデジタル制御によくあらわれるシステムです．

離散時間システムに対して，最適レギュレータ問題は次のように定式化されます．

【最適レギュレータ問題】
離散時間システム(1)に対して，評価関数

$$J = \sum_{t=0}^{T}(y'_{t+1}y_{t+1}+ru_t^2) \quad (2)$$

を最小にする最適制御 u_t^* ($t=0, 1, ..., T$) を求めよ．

ここに，r はあらかじめ与えられた正定数であり，T は最適制御を行う時間ステップ数を表す自然数です．また，ダッシュ記号（$'$）は，行列またはベクトルの転置を意味します．

評価関数 J の最小化は，小さい入力 u_t で出力 y_t をできるだけ速やかに原点に近くすることを意味します．つまり，出来るだけ楽をして出力を目標値に近づけようということです．また，正定数 r は y_{t+1} に対する u_t の相対的な重みを表し，r が大きければ出力よりも入力を小さくすることを重視した評価となっています．

さて，$Q=C'C$ とおくと，$k \leq T$ なる任意の自然数 k に対して

$$J = \sum_{t=0}^{k-1}(x'_{t+1}Qx_{t+1}+ru_t^2) + \sum_{t=k}^{T}(x'_{t+1}Qx_{t+1}+ru_t^2)$$

が成り立つので，最適性の原理により，J を最小にする最適制御は，上式の右辺第 2 項を

$$H_k := \sum_{t=k}^{T}(x'_{t+1}Qx_{t+1}+ru_t^2) \quad (3)$$

も最小にしなければなりません．H_k の最適値を

$$H_k^* = \min_{u_k, u_{k-1}, ..., u_T} H_k$$

と表記することにします．ただし，$\min_u$ は u に関する最小化を表します．それでは，$k=T$ から $k=0$ まで逆方向に時間をさかのぼっていくことによって，最適制御を求めましょう．これは，第 3 節の最短経路探索問題でゴールの B 地点から逆方向に最短経路を計算したのと同じ考え方です．

まず，$k=T$ のとき，

$$H_T = x'_{T+1}Qx_{T+1}+ru_T^2 \quad (4)$$

を最小にする入力 u_T^* を求めます．この式に (1) 式を代入して u_T について平方完成すると

$$H_T = (u_T-K_Tx_T)^2(r+b'Qb)+x'_T(P_T-Q)x_T$$

を得ます．ただし，

$$K_T = -\frac{b'QA}{r+b'Qb}$$

$$P_T = A'QA - \frac{A'Qbb'QA}{r+b'Qb} + Q$$

としました．このとき，$r+b'Qb = r+\|Cb\|^2 > 0$ ですから，第 T ステップにおける最適制御は

$$u_T^* = K_Tx_T$$

であり，H_T の最小値は

$$H_T^* = \min_{u_T} H_T = x'_T(P_T-Q)x_T$$

となります．

次に，$k=T-1$ の場合を考えます．ここで，

$$H_{T-1} = \sum_{t=T-1}^{T}(x'_{t+1}Qx_{t+1}+ru_t^2)$$
$$= (x'_TQx_T+ru_{T-1}^2)+H_T$$

と表せますが，x_T と u_{T-1} は，1 ステップ未来の入力である u_T には依存しないので，

$$H_{T-1}^* = \min_{u_{T-1}, u_T}\{(x'_TQx_T+ru_{T-1}^2)+H_T\}$$
$$= \min_{u_{T-1}}(x'_TQx_T+ru_{T-1}^2+H_T^*)$$
$$= \min_{u_{T-1}}(x'_TP_Tx_T+ru_{T-1}^2) \quad (5)$$

となります．P_T が半正定値であることに注意して (4) 式と (5) 式を比較すれば，u_T^* の場合と同様にして最適制御 u_{T-1}^* を求められることがわかります．以下，$k=T-2, T-3, \cdots, 0$ に対し，上の議論を繰り返すことによって，帰納的に最適制御を得ることができます．まとめると次のようになります．

(1) 式の離散時間システムに対して，評価関数 J を最小にする最適制御は，後向きの差分方程式

$$P_t = A'P_{t+1}A - \frac{A'P_{t+1}bb'P_{t+1}A}{r+b'P_{t+1}b} + Q,$$

$$P_{T+1} = Q \quad (6)$$

の解 P_t を使って

$$u_T^* = K_tx_t \quad (7a)$$

$$K_t = -\frac{b'P_{t+1}A}{r+b'P_{t+1}b} \quad (7b)$$

で与えられる．このとき，評価関数 J の最小値は

$$\min_{u_0, u_1, ..., u_T} J = H_0^* = x'_0(P_0-Q)x_0 \quad (8)$$

となる．

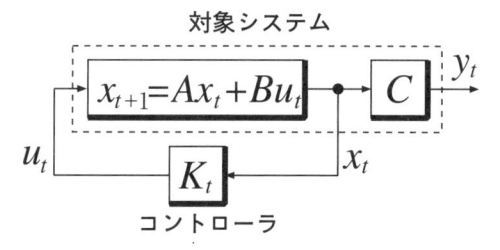

図4：最適レギュレータ

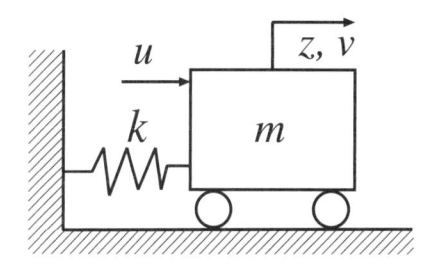

図5：台車−バネ系

なお，(7) 式において最適制御 u_t^* はベクトル x_t の測定値から作られるので，図4に示すように，冒頭で述べた「フィードバック制御」になっています．

数値例（台車−バネ系）

台車がバネを介して壁とつながっている図5のシステムを考えます．台車と地面との間に摩擦はないと仮定します．この場合，初期変位が平衡点からずれていれば，外力が加わらない限り台車はいつまでも振動を続けます（図6の点線）．ここでの制御目的は，台車に力を適切に加えてやることによって，台車の振動をできるだけ速やかに止めることです．このような制御問題は「制振制御」と呼ばれています．実際のシステムでは，自動車のアクティブサスペンションや，強風や地震に対する高層ビル・橋梁の振動抑制などが，制振制御の例として挙げられます．

平衡点からの台車の変位と速度をそれぞれ z [m] および v [m/s] とし，台車に水平方向に加える制御入力を u [N] とします．また，台車の質量とバネ定数をそれぞれ m [kg], k [N/m] とします．このとき，台車−バネ系の運動方程式は

$$m\frac{dv}{dt}(t) + kz(t) = u(t), \quad \frac{dz}{dt}(t) = v(t)$$

となります．以下では，$m=1$, $k=1$ の場合に，この運動方程式を離散化したシステムに対して，最適レギュレータにより制振制御を行なってみましょう．

零次ホールドという方法を使って運動方程式を離散化すると，このシステムの 0.1 秒毎の振舞いは

$$x_{k+1} = \begin{pmatrix} 0.9950 & 0.0998 \\ -0.0998 & 0.9950 \end{pmatrix} x_k + \begin{pmatrix} 0.0050 \\ 0.0998 \end{pmatrix} u_k$$

$$y_k = (1 \quad 0) x_k = z_k, \quad x_k = \begin{pmatrix} z_k \\ v_k \end{pmatrix}$$

によって表されます．ただし，x_k, y_k, z_k, u_k および v_k は，各信号の 0.1 秒毎の値（例えば $z_k = z(0.1k)$, $k = 0, 1, 2, \cdots$）を表します．

この離散時間システムに対して，$T = 200$ として (6), (7) 式の最適レギュレータを適用したシミュレーション結果を図6に示します．図中，一点鎖線，実線および破線は，それぞれ $r = 0.1, 1$ および 10 とした場合の最適レギュレータの応答を表しています．いずれの場合も，振動が抑えられ，台車は時間の経過とともに平衡点（$z=0$）に落ち着いて行っています．ただし，$r = 10$ では，入力が小さい代わりに，台車の振動が減衰しにくくなっています．逆に，$r = 0.1$ の場合，速やかに振動が抑制されていますが，入力の振幅が大きくなっています．

このように最適レギュレータでは，r の選び方によって最適制御が変わり，それに応じてシステムの応答も異なったものになります．最適制御を実際のシステムに適用するときに大事なのは，制御目的に応じて適切な評価関数を設定してやることです．この数値例の場合，小さい入力で速やかに振動を減衰させるという目的では，3つの値のうち $r = 1$ がもっとも適切であると言えます．いくら最適制御でも，評価関数がもとの制御目的を正しく反映していなければ，よい制御系を作ることはできません．どのように評価関数を設定するかが，設計者の腕の見せどころというわけです．

ここでは，差分方程式で表される離散時間システムの最適レギュレータ問題を考察し，最適性の原理と簡単な式変形によって最適制御を導出できることを示しました．世の中にある多くの物理システムは，$dx/dt = f(x, u)$ のような微分方程式で表される連続時間システムです．このようなシステムに対する最適制御問題の方が歴史は古く，多くの結果が知られています [1][注2]．ただし，連続時間システムの最適制御では，微分方程式などに関する多くの準備を必要とするので，本稿では割愛しました．

5 おわりに

歴史的には，最適制御の理論は，1950年代から大き

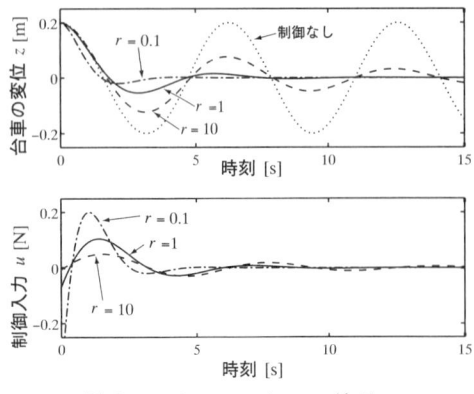

図6: シミュレーション結果

く発展した理論であり，今日の制御理論の基礎となっています．とくに，アメリカのベルマン(R. Bellman)と旧ソ連のポントリャーギン(L.S Pontryagin)は，それぞれ動的計画法と最大原理と呼ばれる方法で最適制御問題の解を導き出しましたが，のちに彼らの解法は等価であることが証明されました．また，カルマン(R.E. Kalman)も最適制御理論に貢献をしていますが，与えられたシステムを任意の状態に制御することが可能であるかどうかという可制御性の概念を導入したことが，彼の最も重要な業績であると言われています[2]．

これら一連の最適制御の研究において注目すべきことは，それまで技術分野の一つと考えられていた制御工学の問題を，数学の問題として解釈しなおし，微分方程式や線形代数をはじめとする様々な数学を駆使して理論的な解を与えたということです．最適制御の理論は，工学において数学が成功をおさめた典型的な例であると言えるでしょう．

最適制御問題のみならず制御の諸問題には様々な数理的手法が用いられており，制御理論は現在もなお発展し続けている興味深い研究分野です．読者のみなさんが本稿を読んで制御理論に少しでも興味をもっていただければ幸いです．

(注1) この問題は，文献[1]の2.5節で例題として取り扱われています．興味のある読者はご参照下さい．

(注2) 数値例の台車-バネ系も微分方程式で表されていますが，離散時間近似したシステムに対する最適制御を適用している点が，連続時間最適制御問題の設定と異なっています．

参考文献

[1] A. E. Bryson and Y. C. Ho, *Applied Optimal Control: Optimization, Estimation, and Control*, revised pr-inting, Hemisphere, 1975.

[2] 示村 悦二郎, 自動制御とは何か, コロナ社, 1991.

(たかば　きよつぐ)

⑤ 情報システムにおける数理
（携帯電話のお話）

髙橋　豊

1. はじめに

コンピュータに代表される情報処理機器と電話，データ通信網，さらにはインターネットに代表される情報ネットワークからなる情報システムと数理工学がどのように関連しているか，特に筆者の専門とするモデル化と性能評価に関して簡単な具体例を通して紹介します．

モデル化とは実システムあるいは設計段階の提案システムを動作の検証，性能評価，処理能力の最適化などのために，数学的に表現し，それを解析・分析することです．この一連の流れを，携帯電話を例に取り，説明してみましょう．

2. 携帯電話

携帯電話およびPHSの基本的な構成は図1に示すように，ベースステーション（以下BSと記す）と呼ばれる中継局とこの中継局を結ぶ中継線網からなります．

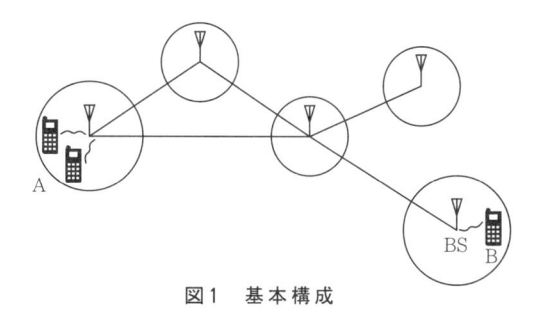

図1　基本構成

利用者（A）が発する音声信号はBSに受信され，中継線網を介して通話相手（B）が交信可能なBSへ転送され，それが更にBへ送信され，会話が可能になります．無線通信の性格上，BSが送受信可能な領域は建物などの影響を無視すれば円で表現され，携帯電話会社により，その半径は異なりますが，モデル化の上では同じ取り扱いが可能です（図2参照）．

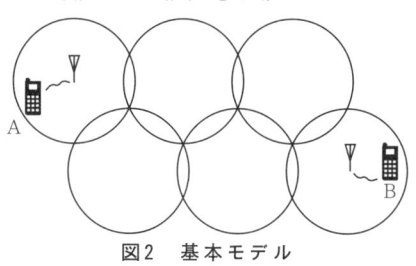

図2　基本モデル

システムを設計する上で，BSの数はコストに大きな重みを占めており，これを少なくすることは初期投資を少なくするために重要です．しかし余り少なくして図3の設計を採用すると，どのBSにも覆われていない領域が広く存在し，通信不可能な領域，いわゆる「圏外」が至る所に発生します．CMで「どこでも繋がる」というにはこれを改良する必要があります．

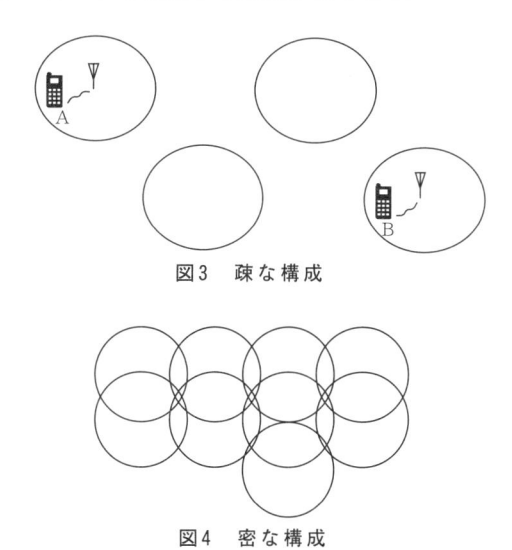

図3　疎な構成

図4　密な構成

一方図4のような案で設計すれば「圏外」は解消されますが，場所によっては多くの円，すなわち多くのBSの「圏内」になります．これは利用者にとって一見良いサービスと思われるかも知れませんが，これらの交信が無線で行なわれることを考えるとそうでもありません．その理由は次の通りです．お互いの交信範囲が重なるBSは混信を避けるために異なる周波数で信号を送受信する必要があります．一方交信範囲が重ならなければ同じ周波数帯を複数のBSが同時に使用可能でもあります．これを周波数

の再利用と呼びます．通信需要の増加に伴い，携帯電話全体に割り当てられている周波数帯は非常に限られており，各社はこれをさらに分割して割り当てられています．加えて領域が一部重複するBS間で混信の発生を避けるには異なる周波数帯を割り当てる必要もあります．各BSと端末間の通信には，信号の干渉を防ぐために，FDMA（周波数分割多重），TDMA（時分割多重），さらにCDMA（符号分割多重）などの方式があります．FDMAは多くの携帯電話サービスに採用されており，ラジオ放送と同じように通話者毎に異なる無線周波数を割り当てるものです．TDMAはPHSに使われており，時間軸をスロットと呼ばれる単位で分割し各通話者に周期的に決まったスロットを割り当てる方式です．CDMAはスペクトラム拡散方式により通話者毎に異なる拡散コードを与え，混信を防いでいます．秘匿性に優れ，軍事用・警察用に使われてきましたが，音質の良さを強調して，この名前を冠したサービスも始まっています．

3．最適化

電話で規定の通話品質を保証するには単位時間当たりに送信されるべき情報量の下限が決まります．以下の記述は上の3方式いずれにも当てはまりますが，特にFDMAを想定して話を続けます．FDMAでは各通話当たりに必要な周波数帯の広さ（W）は予め決められているため，各BSに割り当てる異なる周波数帯を多く設ければ，その分各BSで同時に通話できる話者の組数（回線数C）は減少します．少し分かり難いかもしれませんので，問題の本質を平面の色分けで説明します．与えられた平面を同じ大きさではありますが，何色かで彩色された円で覆います．どの点も少なくとも1つの円で覆われており（圏内），しかも一部でも重なるかあるいは接する円はそれぞれが異なる色で塗られているものとします（混信の防止）．離れている限り同じ色の円はいくつ使っても構いません（周波数の再利用）．このとき必要な色の数をNとしますと，これが携帯電話会社（A社とします）に与えられた周波数帯の広さW_Aの分割数になります．その結果各BSには広さW_A/Nの周波数帯が与えられ，これを1回線当たりの周波数帯幅wで割った$W_A/(Nw)$を越えない最大の自然数が各BSが提供可能な回線数になります．Nをできるだけ小さくした方が容量は増えます．しかも必要なBSの数を少なくするために複数のBSの圏内が重なる領域を最小にする必要があります．このような最適化は数理工学の得意とする分野の1つです．上記の問題の設定は二段階の最適化を含んでいますが，その解は幸いにして簡単に求まります．円で覆うには重なるか接する円の数の最大数（重複度，色数）を2以下にはできないのは自明です．では重複度3を実現する方法があるでしょうか？幸いにして見つかりました．まず全領域をお互いに重ならず相隣る同じ大きさの正六角形で覆い尽くし（図5参照），この外接円が解を与えてくれます．この構成をセルラーモデルと呼びます．

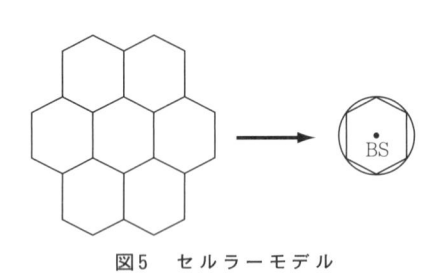

図5　セルラーモデル

この正六角形の外接円の半径はBSの送受信可能距離であり，その中心にBSを設置します．現在の携帯電話，PHSは基本的にはこのようなアイデアでネットワークを構成しています．

4．性能評価

前章で考慮したのは最低限のサービスを提供する上での最適化であり，実際に良好な通信サービスを提供するにはさらなる考察が必要です．

表1　呼の発生時刻と通話時間

番号	発生時刻	通話時間
1	1	5
2	3	12
3	8	16
4	11	10
5	18	8
6	20	11
7	26	20
⋮	⋮	⋮

呼（電話をかける行為）の発生量（トラヒック量）は場所，時間によりバラツキがあり，呼が集中する場合には，BSが提供する回線数が足らなくなり，電話をかけても空いている回線がなくて通話ができない現象（呼損）が発生します．これが頻発すると圏内にいるにも拘わらず繋がらない電話ということで苦情が殺到することになるでしょう．通常はこの呼損が発生する確率（呼損確率）をある閾値以内に抑えるようにシステム全体を設計しています．それにはトラヒック量を予測し，呼損確率を推定することが不可欠になります．このための理論体系が待ち行列理論あるいはトラヒック理論であり，これは応用確率論の一分野です．

ではこの話の一端を紹介しましょう．例えば上のモデルで各BSに与えられる回線数をCとし，呼が発生する時刻およびそれぞれの通話時間が表1で与えられるとしましょう．

例えば$C=3$であるときに，使用されている回線数の変化を時間を追って表すと図6になります．

図6　使用回線数の変化

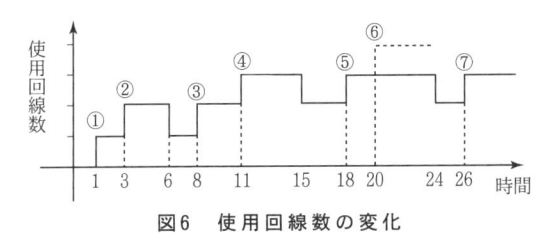

図からも分かるように，6番の呼は呼損になります．このような事象が起こる確率は，すべての呼に関して表1に示すデータが分かれば計算できますが，これは非現実的です．予め分からない，データ量が多すぎるなどが主たる理由です．そこで数学モデルの出番です．図6の振る舞いを決定付けているのは呼の発生間隔と通話時間の「ばらつき」です．この2種のデータを適当な数（大きさに関しては，ここでは誌面の関係上議論しない）集め，ヒストグラム（図7参照）を，さらにこれから累積頻度分布（図8）を作ります．

ここで(x, y)は集めたデータの中で値がx以下であるデータ数が収集した全データ数に占める割合を表しています．これを連続な関数（確率分布関数）で近似した方が解析的に扱い

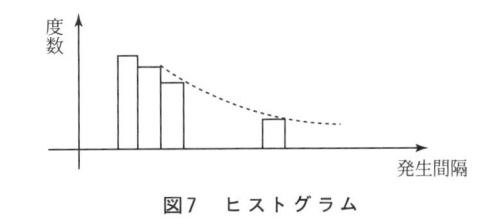

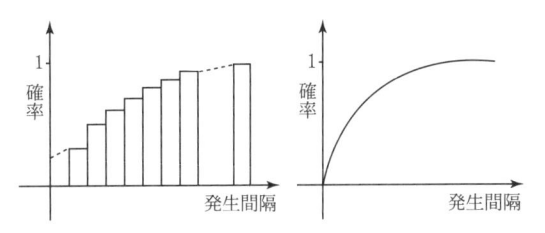

図7　ヒストグラム

図8　累積頻度分布と確率分布関数

易いです．電話網，交通網などにおいて上記のデータは指数分布で精度良く近似できることが経験的に知られていますし，理論的にも独立性・一様性・希少性が成立すればこの分布になることが分かっています．指数分布は次の式で表され，平均も標準偏差も$1/\lambda$になります．

指数分布　$F(t) = \mathrm{Prob}[T \leq t] = 1 - e^{-\lambda t}$

上式は通話時間などを表現する確率変数Tがt以下となる確率を与えています．もちろん対象とするデータのバラツキが複雑になれば，指数分布でうまく近似できない場合もあり，そのための確率分布も数多く用意されています．このように事象の発生間隔（入力）のバラツキと各事象が継続する時間（サービス時間）のバラツキに起因するシステム全体の複雑な動きを数学的に解析しようというのが「待ち行列理論（Queueing Theory）」あるいは「トラヒック理論（Traffic Theory）」と呼ばれる学問分野です．前者は数学に近い立場からの呼び名で，後者は工学，特に通信工学における呼び名です．モデルを視覚化するために通常図9のような表現を用います．

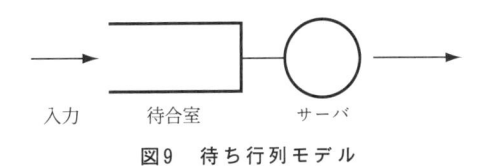

図9　待ち行列モデル

システムは「待合室」と「サーバ」からなっ

ており，入力（ここでは呼）が発生するのを左の矢印が表し，それぞれの客（呼）はシステム内に待機しているサーバ（ここでは通信回線）からサービス（回線を通した会話）を受け，サービス時間（通話時間）が経過すればシステムから立ち去るという流れを示しています．もし待機しているサーバを見出せないときには，待合室で順番を待つことになります．ここまでは例えば遊園地の観覧車，ゴーカート乗り場などを思い浮かべると簡単でしょう．世の中にはこれでモデル化できることが多くあります．身近なところでは，トイレ，タクシー乗り場，銀行のATM，JRの緑の窓口，スーパのレジ，…と数え上げるときがありません．これらも重要な応用分野ですが，工学の世界に目を向けますと，携帯電話などの電話網，情報ネットワーク，生産システム，交通システム，輸送システムなどに応用されています．

現在の電話では，回線が塞がっているからといって，待つことはなく，代わりにしばらくたってかけ直すことになります．従って待合室はないモデルになり，これを特に即時系モデルと呼びます．しかし数十年前，電話の接続が交換手によって行われていた頃（今はコンピュータで行いますが）は，待たされることもあり，このようなのを待時系モデルと言います．

図9の基本モデルに，対象となるシステムの統計的・物理的特徴を追記することでより詳細な表現となります．例えば使用できるサーバ（回線）の数，待合室の大きさ，入力のバラツキ・サービスのバラツキの統計的性質が挙げられます．平均・分散（あるいは標準偏差）はもちろんですが，確率分布まで与えられるとより一層精密な議論をすることができます．

さて発生間隔が独立で，平均 $1/\lambda$ の指数分布に従い，通話時間も平均 $1/\mu$ の指数分布に従う場合は，待ち行列モデルの中でも一番簡単なクラスになりまして，多くの研究成果が得られています．回線数が C のセルにおいて呼損確率は次式で与えられます（誌面の都合上，式の導出は省略）．

$$p_C = \frac{\rho^C/C!}{\sum_{i=0}^{C}\rho^i/i!}$$

但し $\rho = \lambda/\mu$．この式はErlangの呼損公式と呼ばれ，電話網の設計に用いられてきました．携帯電話の場合には，これらに加えてハンド・オフの発生をモデル化する必要があります．これは移動しながら通話中に隣りのセルへ入り，それに伴ってBSが交代することを言います．この時に移動先に空いている回線があれば，問題はありませんが，無ければ会話が途中で切られてしまいます．この事象の発生の頻度も呼損確率とともに電話サービスの質を左右する重要な指標になります．このハンド・オフを考慮したモデルも提案され，解析されています．

5．シミュレーション

前章で述べました解析はいつも可能とは限らず，確率分布が複雑になったり，確率変数に複雑な依存関係が存在する時には現実的には諦めざるを得ないことも多くなります．シミュレーションはこのときに解析を補完するアプローチです．表1に示すデータが分かれば，システムの性能を測れることは既に述べましたが，シミュレーションは実測データと同じような統計的性質を持つ多くのデータをコンピュータにより生成し，表1に代えようという方法です．通常，乱数を用いますが，この系列はコンピュータ内で何らかのアルゴリズムにより生み出しますので，真の乱数と区別して擬似乱数と呼ばれます．生成する方法としては，例えば混合合同法があり，それは次の関係式で表されます．

$$X_i = aX_{i-1} + b \pmod{m}$$

ここで a と m は自然数，b は非負の整数であり，$X \pmod{m}$ は X を m で割った余りを表します．この X_i を m で割ると $[0, 1)$ で一様に分布する（擬似）乱数が得られ，確率分布を与えるグラフ上でこの確率に対応する確率変数値が選ばれ，表1に示されたデータに相当するものが生成されます．

6．衛星携帯電話

以上の議論においては携帯電話を例に取ってきましたが，このモデルは汎用性を持っています．BSは地上にある必要はなく，高い高度にあっても基本的な構造は同じで，静止軌道にあるときが（静止）衛星通信のモデルになります．この場合にはBSの数は3まで小さくでき，お

よそ赤道に沿って太平洋，大西洋，インド洋上空に置いています．

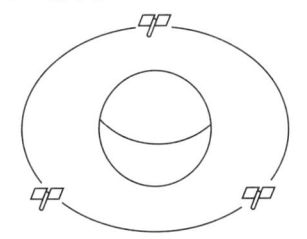

図10　静止衛星による衛星通信

このシステムは砂漠・海・山などの地形に関係なく，「圏外」のない理想的な通信システムに見えますが，問題点があります．それは，地上から静止軌道までを往復するに要する時間で，静止軌道が高度約 36,000km，電波の速さが約 300,000km/秒ですから，1/4秒程度になります．小さいように思われますが，会話には大きすぎ，話がギクシャクします．そこでこの中間に当たるものが種々提案されており，高度が数百〜千数百km前後に衛星を打ち上げ，これをBSに使う商業サービスが始まっています．例えば衛星携帯電話と称してCMでもお馴染みで，南極大陸横断に際してマスコミとの交信に用いられたことでも知られている「イリジウム」があります．

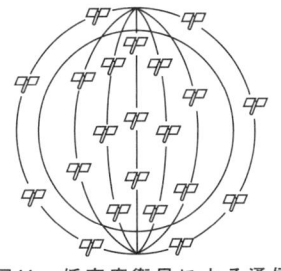

図11　低高度衛星による通信

1本の軌道だけで世界中をカバーできないのは明らかで，当初の計画では77機の衛星が必要と判断され，原子番号77のイリジウムと命名されましたが，精密な研究の結果，現在ではより少ない66機で運用され，6本の異なる軌道をそれぞれ11機ずつが周回しています．静止軌道ではなくて，低軌道を周回することから燃料のなくなる数年でシステム全体を更新することを考えると，数理的研究が果たした役割は非常に大きいと思われます．

7．おわりに

数理工学における研究が実際とどのように関わっているか，特に急速に利用が拡大している携帯電話を例に取り，紹介しました．人間の行為が直接，あるいは間接的にシステムの状態を変化させるこのようなモデルは広くは離散事象確率システムと呼ばれ，種々の観点からの研究が行われています．本稿の話題は数理工学の中でも，オペレーションズ・リサーチという研究領域に属しています．さらに細分すると，最初の最適化に関することは「数理計画」，次の確率に関しては「待ち行列」，最後は「シミュレーション」の分野で研究されています．この拙文を読まれて，若い学生諸君が多少なりとも数理工学，さらにはオペレーションズ・リサーチに興味を持っていただけましたら幸いです．欲を言えば，筆者は「情報システム」と「待ち行列」を研究テーマにしておりますので，この分野へ若い頭脳が加わって戴ければ望外の喜びです．

（たかはし　ゆたか）

⑥ 信号処理の通信への応用

酒井　英昭

1. 信号処理とは

現在，われわれのまわりには数多くの"信号"が存在している．それらは宇宙の彼方の天体からの微弱な電波信号や携帯電話のディジタル信号などのように直接は知覚できないものから交通騒音やテレビ画像といった知覚できるものまでさまざまである．これらには有用な情報を含んでいる信号(signal)もあれば，雑音(noise)のみのものもある．

信号処理(signal processing)とは観測された信号を加工，処理(process)し，有用な情報を抽出することである．そして，コンピュータ技術の発展に伴い，アナログ処理からディジタル処理へ移行し，種々のアルゴリズムが開発されてきた．本稿ではディジタル信号処理(digital signal processing, DSP)の基本的事項が近年の高速ディジタル通信技術に用いられている例を解説し，アルゴリズムの側面からの数理的アプローチが重要であることを示す．

2. 高速ディジタル通信技術

シャノン(Shannon)の情報理論における通信系の概念図を図1に示す．情報源(source)とは伝送すべき情報の発生源で，音声やテレビの信号などの連続的アナログ信号や自然言語で書かれたテキストの文字列とか，アナログ信号を量子化して作られた離散的ディジタル信号であったりする．符号器(encoder)は情報源からの信号や文字列を通信路での伝送に適した形に変換する．

図1　通信系の概念図

通信路(channel)では送信された信号に歪や雑音が加わって，もとの信号が正しく伝送されない場合が生じる．復号器(decoder)は，歪や雑音で乱された受信信号から送信信号を推測し，符号器と逆の操作により情報源と同じ信号や文字列に変換する．そして，この結果を利用者(user)が受けとる．通信路のモデルが与えられると具体的な通信方式にかかわらずその通信路を通して誤りなく伝送できる情報量の限界(通信路容量)がわかるというのがシャノンの情報理論の真髄である．

近年，高速ディジタル通信技術の進展には著しいものがある．とくに，有線系ではADSL(Asymmetric Digital Subscriber Lines, 非対称ディジタル加入者線)方式，無線系では地上波ディジタル放送，室内無線LANに用いられているOFDM(Orthogonal Frequency Division Multiplexing, 直交周波数分割多重)方式が注目されている．

従来，電話回線では4KHzまでのアナログ音声信号を伝送しており，ディジタル方式に対しては毎秒数十キロビット程度の伝送が限界とされてきた．しかし，電話回線のモデルにより通信路容量を計算すると，この限界をはるかに越える数百倍の情報量が伝送できることがわかり，それを実現する通信方式の研究が盛んに行われ，インターネットでのブロードバンド通信に広く用いられているADSL技術が確立された．

3. 信号処理の基本事項

信号処理や通信で最も基本となるのが**オイラーの公式**

$$e^{i\theta} = \cos\theta + i\sin\theta \quad (1)$$

である．ここで，$i=\sqrt{-1}$は虚数単位であ

る．この式より
$$e^{i(\alpha+\beta)}=e^{i\alpha}e^{i\beta} \qquad (2)$$

$$e^{-i\alpha}=\frac{1}{e^{i\alpha}} \qquad (3)$$

などの複素指数関数に関する等式が得られる．

信号処理における基本概念のひとつが**線形システム**である．線形システムの入力信号の数列 $\{x_n\}$ から出力信号の数列 $\{y_n\}$ は

$$y_n=\sum_{k=0}^{L-1}h_k x_{n-k} \qquad (n=0,\pm1,\pm2,...) \qquad (4)$$

の関係により与えられる．ここで，n は時間のインデックスであり，$\{h_0,h_1,...,h_{L-1}\}$ はこの線形システムの**インパルス応答**（impulse response）と呼ばれる．いま，図1で符号器からの系列を $\{x_n\}$，通信路からの出力系列を $\{y_n\}$ とする．(4)式でたとえば $L=3$ とすると

$$y_n=h_0 x_n+h_1 x_{n-1}+h_2 x_{n-2} \qquad (5)$$

であるが，移動体通信の場合，図2に示すように基地局から送信された信号が端末局で受信されるとして，その直達成分が(5)式右辺の第1項，建物などで反射されて1単位時間遅れてきたのが第2項，同じく2単位時間遅れてきたのが第3項である．この通信路のインパルス応答 h_0,h_1,h_2 は各伝播経路での信号の減衰の度合を表す．(5)式右辺の第1項のみであれば受信信号 y_n から送信信号 x_n は簡単に求めることができるが，1時点前，2時点前の送信信号の影響が加わると簡単に求めることはできない．この影響のことを符号間干渉（inter-symbol interference, ISI）という．

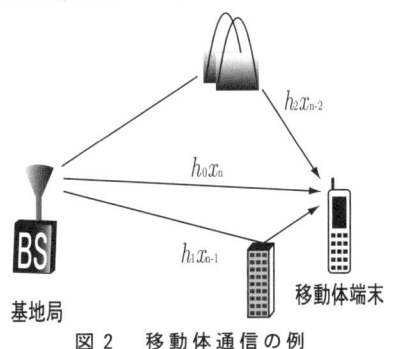

図2 移動体通信の例

つぎに，ディジタル信号処理においてしばしば用いられる以下の等式について述べる．

$$\sum_{l=0}^{N-1}W^{lk}=\begin{cases} N & (k=0) \\ 0 & (k=\pm1,\pm2,...,\pm(N-1)) \end{cases} \qquad (6)$$

ただし，

$$W=e^{-i\frac{2\pi}{N}} \qquad (7)$$

である．ここで，2π は360°を意味する．(6)式は $k=0$ に対しては $e^{i0}=1$ より明らか．それ以外の k に対しては(1)式より $e^{-i2\pi k}=1$ であり，$W^{Nk}=1$ なので等比級数の公式

$$\sum_{l=0}^{N-1}r^l=\frac{1-r^N}{1-r} \quad (r\neq 1)$$

より

$$\sum_{l=0}^{N-1}W^{lk}=\frac{1-W^{Nk}}{1-W^k}=0 \quad (W^k\neq 1)$$

となる．一般に，(6)式の左辺は k が N の整数倍のとき N で，それ以外のときは0である．

つぎに，長さ N の2つ数列 $\{x_0,x_1,...,x_{N-1}\}$, $\{y_0,y_1,...,y_{N-1}\}$ に対して，それぞれ別の数列 $\{X_0,X_1,...,X_{N-1}\}$, $\{Y_0,Y_1,...,Y_{N-1}\}$ を以下のようにして生成する．

$$X_k=\sum_{n=0}^{N-1}x_n W^{nk} \qquad (k=0,1,...,N-1) \qquad (8)$$

$$Y_k=\sum_{n=0}^{N-1}y_n W^{nk} \qquad (k=0,1,...,N-1) \qquad (9)$$

ここで，W は(7)式で定義されている．これらは**離散フーリエ変換**（discrete Fourier transform, DFT）と呼ばれる．逆に，$\{X_0,X_1,...,X_{N-1}\}$ から $\{x_0,x_1,...,x_{N-1}\}$ を得るには(8)式の両辺に $W^{-mk}(m=0,1,...,N-1)$ をかけ，$k=0$ から $N-1$ まで和をとる．n に関する和のあとに k に関する和をとるところを順序を逆にすれば

$$\sum_{k=0}^{N-1} X_k W^{-mk} = \sum_{k=0}^{N-1}\left(\sum_{n=0}^{N-1} x_n W^{nk}\right) W^{-mk}$$
$$= \sum_{n=0}^{N-1} x_n \left\{\sum_{k=0}^{N-1} W^{k(n-m)}\right\} \quad (10)$$

となる.(10)式の{ }内の量は(6)式で $l \to k, k \to n-m$ と対応させたものであり,m, n の範囲はともに 0 から $N-1$ までなので $-N+1 \leq n-m \leq N-1$ であるから $n=m$ のときのみ値をもち,結局,(10)式の右辺は Nx_m となる.m を n でおきかえれば

$$x_n = \frac{1}{N}\sum_{k=0}^{N-1} X_k W^{-nk} \quad (n=0,1,...,N-1) \quad (11)$$

が得られる.同様に

$$y_n = \frac{1}{N}\sum_{k=0}^{N-1} Y_k W^{-nk} \quad (n=0,1,...,N-1) \quad (12)$$

である.これらは(8),(9)式の **離散フーリエ逆変換**(inverse discrete Fourier transform, IDFT)と呼ばれる.

4.通信への応用

(5)式と図2の移動体通信の例について考える.図1の受信側の復号器では受信信号系列 $\{y_n\}$ を基に送信信号系列 $\{x_n\}$ を推定する.(5)式で $n=0,1,2$ ととれば

$$\begin{aligned} y_0 &= h_0 x_0 + h_1 x_{-1} + h_2 x_{-2} \\ y_1 &= h_0 x_1 + h_1 x_0 + h_2 x_{-1} \\ y_2 &= h_0 x_2 + h_1 x_1 + h_2 x_0 \end{aligned} \quad (13)$$

であるが,h_0, h_1, h_2 を既知として y_0, y_1, y_2 の値から未知数 $x_{-2}, x_{-1} x_0, x_1, x_2$ を決めることはできない.なぜなら,(13)式の連立方程式は未知数の数は5つで,式の数が3つで一般に解くことはできないからである.また,どのように y_n を連続してとっても式の数は未知数の数より常に2つ少ない.そこで,本来の送信信号 x_{-2}, x_{-1} の代わりにそれぞれ x_1, x_2 を送信して得られた受信信号を改めて y_0, y_1 と書くと

$$\begin{aligned} y_0 &= h_0 x_0 + h_1 x_2 + h_2 x_1 \\ y_1 &= h_0 x_1 + h_1 x_0 + h_2 x_2 \\ y_2 &= h_0 x_2 + h_1 x_1 + h_2 x_0 \end{aligned} \quad (14)$$

となる.こうすると本来5つの送信信号 $x_{-2}, x_{-1}, x_0, x_1, x_2$ を情報として送ることができるのを x_1, x_2, x_0, x_1, x_2 として送るため情報の伝送効率は3/5と低下する.しかし,(14)式では未知数の数と式の数はともに3つとなり,以下に述べるかなり一般的な h_0, h_1, h_2 に関する条件のもとで簡単に解を得ることができる.(14)式に基づくブロック伝送法ではこの最初の2つの信号 x_1, x_2 は **サイクリック・プレフィックス**(cyclic prefix)と呼ばれる.先頭の送信信号 x_1, x_2 に対する受信信号を y_{-2}, y_{-1} とすると

$$\begin{aligned} y_{-2} &= h_0 x_1 + h_1 x_2' + h_2 x_1' \\ y_{-1} &= h_0 x_2 + h_1 x_1 + h_2 x_2' \end{aligned}$$

である.ここで,1つ前のブロックの送信信号を $x_1', x_2', x_0', x_1', x_2'$ としている.このように,y_{-2}, y_{-1} は2つの送信信号のブロックにまたがっているため受信側ではこれらは使用しない.これにより他ブロックからの干渉(inter-block interference, IBI)を防ぐことができる.サイクリック・プレフィクスに対応する区間はガード区間(guard interval)とも呼ばれる.一般には N 個の連続した送信信号の最後の $L-1$ 個を先頭にコピーすることにより1つのブロックが構成される.このため $L-1 \leq N$ である必要がある.図3に送信信号と受信信号の1ブロックの構成($N=3, L=3$ の場合)と全体の送信信号のフォーマットを示す.

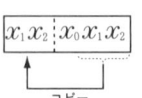

(a)通信側の1ブロック

(b)受信側の1ブロック

(c)全体の送信信号のフォーマット

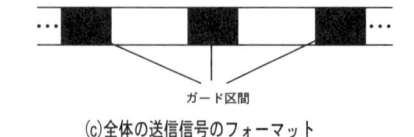

図3 送信・受信信号の構成

また，一般の場合にもどりインパルス応答 $\{h_0, h_1, ..., h_{L-1}\}$ の離散フーリエ変換を

$$H_k = \sum_{n=0}^{N-1} h_n W^{nk} \qquad (k=0, 1, ..., N-1) \quad (15)$$

とする．ただし，$L \leq N$ ととり，

$$h_L = ... = h_{N-1} = 0 \qquad (16)$$

と仮定する．$L=N+1$ の場合は以下の議論を少し修正する必要があるがここでは省略する．ここで，(8)式と(15)式の積を改めて

$$Y_k = H_k X_k \qquad (k'=0, 1, ..., N-1) \quad (17)$$

とおく．そして，この離散フーリエ逆変換を改めて $\{y_0, y_1, ..., y_{N-1}\}$ と書く．(12)，(15)式より

$$\begin{aligned}
y_n &= \frac{1}{N} \sum_{k=0}^{N-1} Y_k W^{-nk} \\
&= \frac{1}{N} \sum_{k=0}^{N-1} X_k \left(\sum_{m=0}^{N-1} h_m W^{mk} \right) W^{-nk} \\
&= \sum_{m=0}^{N-1} h_m \frac{1}{N} \sum_{k=0}^{N-1} X_k W^{-(n-m)k} \qquad (18) \\
&= \sum_{m=0}^{n} h_m x_{n-m} + \sum_{m=n+1}^{N-1} h_m x_{n-m+N} \qquad (19)
\end{aligned}$$

となる．(18)式で0からnまでのmに対しては(11)式を用いて(19)式右辺の第1項が得られる．$n+1$から$N-1$までのmに対しては $n-m$ が負になり(11)式を用いることはできない．しかし，(7)式から

$$W^{-(n-m)k} = W^{-(n-m+N)k}$$

であり，$n+1 \leq n-m+N \leq N-1$ なので(11)式を用い第2項が得られる．(16)式の仮定に注意し $N=3, L=3$ の場合に(19)式を書き下すと(14)式と同じものが得られる．よって，図3の送信方法に対しては，条件

$$H_k \neq 0 \qquad (k=0, 1, ..., N-1) \quad (20)$$

のもとで受信信号の1ブロック $\{y_0, y_1, ... y_{N-1}\}$ の離散フーリエ変換 $\{Y_0, Y_1, ..., Y_{N-1}\}$ より

$$X_k = \frac{Y_k}{H_k} \qquad (k=0, 1, ..., N-1) \quad (21)$$

を計算し，(11)式の離散フーリエ逆変換により送信信号の1ブロック $\{x_0, x_1, ..., x_{N-1}\}$ が得られる．なお，実際には受信側で上記の離散フーリエ変換と離散フーリエ逆変換を計算するのではなく，送信側で $\{x_0, x_1, ..., x_{N-1}\}$ の離散フーリエ逆変換を計算しそれを送信信号とし，受信側では離散フーリエ変換の計算のみを行う構成となっている．また，N は数十から数百の値であるため離散フーリエ（逆）変換の計算には高速フーリエ変換(fast Fourier transform, FFT)アルゴリズムが用いられる．

5. あとがき

最新の通信技術の基礎に数理的な考えが用いられている例について述べた．ADSL技術の発展に多大の貢献をしたJohn M. Cioffiは自身のADSL技術の解説文書を，電話を発明したベル(Bell)の逸話を基に締めくくっている．以下に紹介して本文の結びとする．

"Bell, a professor and teacher of the deaf, married one of his deaf students, Mabel - who coincidentally owned all but 10 shares of the early Bell System stock, earning the name MABELL. Bell's sadness that she could not fully appreciate the use of the telephone was legendary - now,..., Mabel can finally use the phone."

（さかい　ひであき）

⑦ 無線通信の速度

林　和則

1. はじめに

携帯電話に代表される無線通信システムはこの20年の間に我々の生活に深く浸透しました．今では「ケータイの無い世界なんて考えられない！」という人も多いことでしょう．

ところで，電波を使う無線通信と電線や光ファイバなどのケーブルを使う有線通信とを比較すると，どちらが伝送速度，すなわち1秒あたりに送ることのできるビット数，が大きいでしょうか？「そんなものは比較するシステムによって違うからなんとも言えない」とは全く正しい答えですが，無線通信と有線通信のシステムを"同じだけ頑張って"作ったとすると，有線通信に軍配があがりそうな気がします．では，なぜ無線通信は有線通信に比べて高速信号伝送が難しいのでしょうか？

本稿では，無線通信システムの伝送速度に対するさまざまな制約と，それらを克服するために提案されているいくつかの対策技術を紹介することで，無線通信の難しさやおもしろさをお伝えしたいと思います．

2. 簡単な無線通信のモデル

無線通信の一番簡単なモデルでは，送信信号（シンボル）を s とすると，対応する受信信号は

$$r = hs + n \qquad (1)$$

と書けます．ここで，h は通信路の影響を表す複素定数で，送信アンテナから受信アンテナに到達するまでの距離による信号の減衰などを表しています．一方，n は受信機の増幅器などで信号に付加される平均0，分散 σ_n^2 の熱雑音を表します．熱雑音はガウス分布に従うため，このような通信路は加法性ガウス雑音 (AWGN) 通信路と呼ばれます．

無線通信では，信号をある周波数 f の電波（搬送波）を使って伝送するため，時刻 t に実際にアンテナから送信される信号は $s'(t) = a(t)\cos(2\pi f t + \theta(t))$ と書けます．振幅 $a(t)$ や位相 $\theta(t)$ に情報をのせるわけです．ここで，$s(t) = a(t)e^{j\theta(t)}$ とおくと $s'(t) = \text{Re}[s(t)e^{j2\pi ft}]$ と書けるため，AWGN 通信路を通った受信信号は

$$\begin{aligned}r'(t) &= h's'(t) + n'(t) \\ &= \frac{h'}{2}s(t)e^{j2\pi ft} + \frac{h'}{2}s^*(t)e^{-j2\pi ft} + n'(t)\end{aligned}$$

となります．さらに，受信機で $r'(t)$ に $e^{-j2\pi ft+j\phi}$ をかけると

$$\begin{aligned}e^{-j2\pi ft+j\phi}r'(t) &= \frac{h'}{2}e^{j\phi}s(t) \\ &+ \frac{h'}{2}s^*(t)e^{-j4\pi ft+j\phi} + e^{-j2\pi ft+j\phi}n'(t)\end{aligned}$$

が得られます．右辺第2項は周波数が $2f$ の非常に高周波の成分なので，これを低域通過フィルタに通した出力 $r(t)$ は

$$r(t) = hs(t) + n(t) \qquad (2)$$

と書けます．ここで，$h = h'e^{j\theta(t)}/2$ であり，$n(t)$ は $e^{-j2\pi ft+j\phi}n'(t)$ の低域通過フィルタ出力です．これを適当な時間間隔でサンプリングしたものが式 (1) です．こうして，無線周波数を明示することなく送受信信号の関係が記述できます．光も電磁波の一種なので，式 (1) は光通信にも適用可能なモデルになっています．

3. 伝送速度に対する制約

ここでは，無線通信による高速信号伝送を妨げる主な要因について説明します．

3.1 受信 SNR

送信シンボル s の分散を σ_s^2 とすると，AWGN 通信路において誤りなく通信できる達成可能な伝送速度の限界（1シンボルあたりのビット数）は

$$C = \frac{1}{2}\log_2\left(1 + \frac{\sigma_s^2}{\sigma_n^2}|h|^2\right) \quad \text{bit/symbol} \qquad (3)$$

で与えられます．これは通信路符号化定理 (の特別な場合) として知られています．このような限界があること自体驚きで大変興味深いのですが，その証明は少々煩雑ですのでここではその結果だけを用いることにします．

式 (3) 中の $\sigma_s^2|h|^2/\sigma_n^2$ は受信信号に含まれる信号成分と雑音成分の電力の比で，受信 SNR (Signal-to-Noise Ratio) と呼ばれます．これは俗にいう"アンテナ 3 本"のインジケータ (図 1) が表す受信電界強度とほぼ同じものと思ってもいいです．つまり式 (3) は，"アンテナがたくさん立っている"ほうがより速い速度で通信できる可能性があることを示しています．

SNR において通信路の影響は $|h|^2$ に現れます．無線通信では $|h|^2$ は送受信機間の距離の 2 乗に反比例する値になります．これは送信アンテナから放射された電波が空間中を広がりながら伝搬するからです．半径 r の球の表面積が $4\pi r^2$ であることを思い出せば，このことが容易に理解できます．実際の無線通信システムでは遮蔽物などの影響で距離の 3 乗程度で減衰することが多いようです．これは距離が 10 倍になると信号電力が 1/1000 になることを意味しますので，無線通信では受信 SNR がすぐに小さくなってしまいます．一方，光ファイバ中の信号の減衰は 0.2 dB/km 程度，すなわち 1 km 伝送したときの $|h|^2$ がおよそ 0.95 と，無線通信と比較にならないほど低損失になっています．

無線通信の場合，さらに悪いことに，距離による減衰の他にも受信 SNR が小さくなる要因があります．無線通信では送信アンテナからの直接波だけでなくどこかに反射したものも受信されるため，それらが打ち消しあうような位相で足し合わされた場合には，信号電力がほとんど 0 になってしまいます．物理の授業で入射波と反射波があるときに定在波ができる現象を習ったと思いますが，これと同じように受信アンテナ周辺に電波の定在波ができていて，搬送波の波長のスケールでその強度が変動しているのです．携帯電話を少し動かしただけで"アンテナの本数"が変化したり，車を数 m 動かしただけでカーラジオの受信状況が変化する

図 1: アンテナ 3 本

のもこのためです．この現象はフェージングと呼ばれます．定在波の節の場所では送信信号の電力 σ_s^2 をいくら大きくしても SNR が改善しないため，ある意味で距離減衰よりたちの悪い現象と言えます．

3.2 周波数帯域

連続時間信号のモデル (2) において，信号を伝送する通信路の周波数帯域が W Hz で制限されているとします．このとき，送受信信号は $1/2W$ sec 毎にサンプリングされた系列で完全に記述することが出来ます (ここでは詳細は省きますが，サンプリング定理と呼ばれる信号処理の最も基本的な定理から示されます)．1 サンプルあたりのビット数の限界は式 (3) で与えられ，また 1 秒あたり $2W$ サンプルあることから，1 秒間に伝送可能なビット数の限界は

$$C = W \log_2 \left(1 + \frac{\sigma_s^2}{\sigma_n^2}|h|^2\right) \text{ bit/sec}$$

となります．従って，同じ受信 SNR であれば周波数帯域幅 W が大きいほど高速に信号を伝送可能となります．

周波数帯域の観点からも，無線通信は有線通信に比べて不利であると言わざるを得ません．有線通信では他のシステムに関係なく電線や光ファイバの帯域を全て使用することができますが，無線通信では空間という通信媒体を全ての無線通信システムで共有する必要があり，システム毎に利用可能な周波数帯域が厳密に定められているからです (テレビやラジオの各放送局の電波のように，周波数が異なっている信号は分離して取り出すことができます)．無線通信に使いやすい電波の周波数は限られていて大変貴重なので，無線周波数のことを周波数資源と呼ぶこともあります．無線通信では，周波数を無駄なく効率的に使用することが特に重要な課題になります．

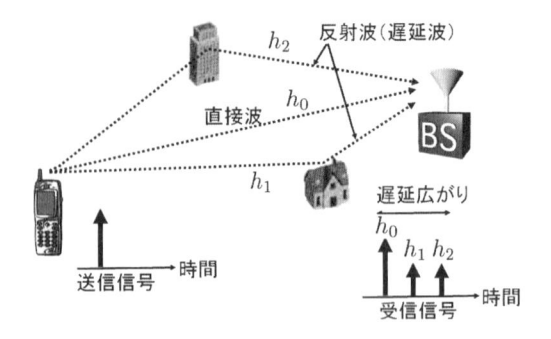

図 2: マルチパス通信路と遅延広がり

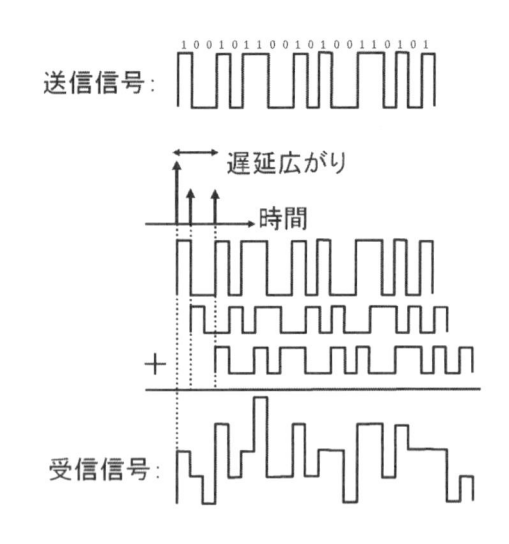

3.3. シンボル間干渉

無線通信では直接波だけでなく反射波も受信されると述べました．このような通信路は，送信アンテナから受信アンテナまでに複数の経路 (パス) があるという意味でマルチパス通信路と呼ばれます (図 2)．マルチパスは受信アンテナ周辺に複雑な定在波を生み出し，受信信号の電力を極端に減衰させることのある厄介な存在でしたが，長さが最長の経路と最短の経路を通った信号が受信機に到着する時間差 (遅延広がり) が，送信シンボルの時間間隔 (シンボル周期) に比べて大きい場合には，隣り合うシンボル同士で干渉を及ぼしあうという別の問題を引き起こします (図 3)．これをシンボル間干渉といいます．シンボル間干渉が発生すると，受信信号は送信信号と似ても似つかない姿になってしまい，どのような信号 (図では 0 または 1) が送られたか判断できなくなってしまいます．一般に，高速通信をする場合にはシンボル周期が短くなるので，シンボル間干渉は伝送速度を上げる際の大きな障壁となります．

4. 伝送速度向上のための対策技術

ここでは，これまで述べてきた高速無線伝送における問題の対策技術について述べます．

4.1 ダイバーシティ

フェージング通信路における電波の定在波は，色々な位相と振幅をもった多数の反射波の影響で非常に複雑な形をしており，その結果観測される通信路ゲイン h はランダムな値をとるため，通常確率変数として取り扱われます．このときの受信信号モデルは，遅延広がりがな

図 3: シンボル間干渉

いものとすると

$$r = hs + n \qquad (4)$$

となり，式 (1) と同じ形をしていますが，h が定数でなく確率変数であることが重要です．

このような通信路環境で受信 SNR を改善する方法にアンテナダイバーシティ(以下，ダイバーシティと呼ぶ) があります．ダイバーシティでは図 4 に示すように複数のアンテナを用いて信号を受信します．アンテナが 2 本のときは 2 つの受信信号

$$r_1 = h_1 s + n_1$$
$$r_2 = h_2 s + n_2$$

を得ます．r_1 と r_2 の使いかたにはいくつか方法がありますが，一番簡単なのは SNR のよいほうの受信信号を使って s を求めるというやり方 (選択ダイバーシティ) です．受信アンテナが十分に (搬送波の波長程度以上) 離れていると h_1 と h_2 はほぼ独立になることが知られていますので，これにより受信 SNR の通信路ゲインに対する期待値が改善されます．さいころを n 個ふったときの最大の目の期待値が n を 1, 2, 3 と増やしていくと 3.5, 4.47, 4.96 と大きくなるのと同じです．また，r_1 と r_2 に重みを付けて足し合わせたとき，SNR が最も大きくなるような合成の仕方を最大比合成といい

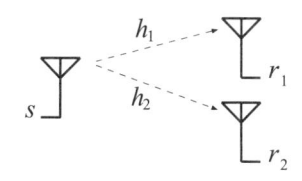

図 4: ダイバーシティ受信

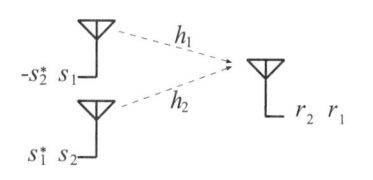

図 5: 時空間符号

ます．n_1 と n_2 が独立で同じ分散をもつ場合には，$h_1^* r_1 + h_2^* r_2$ とすることでこれが実現でき，SNR は $(|h_1|^2 + |h_2|^2)\sigma_s^2/\sigma_n^2$ となります．

受信機が非常に小さい移動端末である場合など，受信機側に複数のアンテナを設置するのが困難なことがあります．では，送信機に複数のアンテナを用いることでダイバーシティが実現できるでしょうか？先ほどと逆になるだけなのでできて当然のようにも思えますが，ここで大切なのは"送信機が通信路のゲインを知ることなくできるか"ということです．受信機側では受信信号からゲインを推定することができますが，送信機が通信路のゲインを知ることは一般に困難だからです．このようなダイバーシティ(送信ダイバーシティ) を実現するための方法として，時空間符号 (図 5) があります．今，2 つのシンボル s_1, s_2 を送信することを考えます．時空間符号では，2 つのアンテナから 2 シンボル時間を用いてこれらのシンボルを送信します．具体的には，最初のシンボル時間に送信アンテナ 1 から s_1，送信アンテナ 2 から s_2 をそれぞれ送信し，次のシンボル時間には送信アンテナ 1 から $-s_2^*$，送信アンテナ 2 から s_1^* を送信します．このとき受信信号はそれぞれ

$$r_1 = h_1 s_1 + h_2 s_2 + n_1$$
$$r_2 = -h_1 s_2^* + h_2 s_1^* + n_2$$

となります．ここで

$$h_1^* r_1 + h_2 r_2^* = (|h_1|^2 + |h_2|^2)s_1 + h_1^* n_1 + h_2^* n_2$$
$$h_2^* r_1 - h_1 r_2^* = (|h_1|^2 + |h_2|^2)s_2 + h_2^* n_1 - h_1^* n_2$$

という操作をすると，送信シンボル s_1 と s_2 を分離できていることが分かります．しかもそれらの SNR はいずれも $(|h_1|^2 + |h_2|^2)\sigma_s^2/\sigma_n^2$ であり，受信ダイバーシティにおける最大比合成と同じ SNR が達成できているのです (ただし，総送信電力は 2 倍になっています)．この方法は 1998 年に S. M. Alamouti によって提案されたのですが，こんなに簡単な方法がこれほど最近まで知られていなかったのは驚きです．

4.2 MIMO 伝送

前節で送信機または受信機に複数のアンテナを持つシステムを考えました．これを拡張した伝送法に MIMO (multi-input multi-output) 伝送があります．これは，図 6 に示すように送受信機の両方に複数のアンテナを用いるもので，時空間符号と受信ダイバーシティを組み合わせた伝送法もその特別な場合と考えることができます．有線通信ではケーブルの本数を増やすと達成可能な伝送速度が本数倍に向上しますが，無線通信では異なるアンテナから同時に送信される信号は互いに干渉として影響を及ぼしあうため，総送信電力を一定にしたときに複数のアンテナから信号を同時に送信することが優れた方策であるかどうかは自明ではありません．この問題に対しては，G. J. Foschini, E. Teletar らによって "複数アンテナの導入が達成可能な伝送速度を増大させる" ことが明らかにされています．送信アンテナ数が N，受信アンテナ数が M のときに，達成可能な伝送速度 C は $\min(M, N)$ に対して線形に増加することが示されました（厳密には通信路のゲインで構成される行列の固有値に依存します）．これは送受信アンテナ数を増やすことで周波数帯域を増加させることなく伝送速度を向上をできることを意味し，MIMO 伝送が大きな注目を集めるきっかけとなりました．今では，無線 LAN (IEEE802.11n) などで MIMO 伝送を採用した製品が世の中に出回っています．

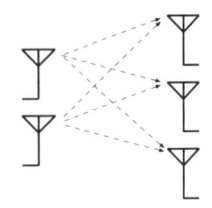

図 6: MIMO 伝送

4.3 周波数領域等化

遅延広がりがシンボル周期よりも大きい通信路では，シンボル間干渉を補償するためのしくみが必要になります．ここでは，現在導入されつつあるほぼ全ての無線通信システムで採用されている周波数領域等化，特に OFDM 方式について説明します．

送信アンテナと受信アンテナの間に 2 つの経路がある場合を考えて，長さの短い経路と長い経路の通信路ゲインをそれぞれ h_0, h_1 としましょう．簡単のためそれらの経路の信号の到着時間差がちょうどシンボル周期に一致しているものとし，また，付加雑音は無いものとします．i 番目に送信された信号 s_i が短い方の経路を通って受信機に到着したときの受信信号を r_i とすると，このとき $i-1$ 番目に送信された信号 s_{i-1} も長い経路を通って同時に受信機に到着するので，

$$r_i = h_0 s_i + h_1 s_{i-1}$$

となります．同様にして，

$$r_{i+1} = h_0 s_{i+1} + h_1 s_i$$
$$\vdots$$
$$r_{i+M-1} = h_0 s_{i+M-1} + h_1 s_{i+M-2}$$

を得ます．これらを連立方程式とみて，受信信号 $r_i \cdots r_{i+M-1}$ から送信信号 $s_{i-1} \cdots s_{i+M-1}$ を求めてみましょう．と思ったのですが，未知数が $M+1$ 個で式が M 個なのでこれは解けません．受信信号を増やして式を 1 つ追加しても，未知数も 1 つ増えますから，本質的に状況は変わりません．そこで少しずるいですが，最初の信号 s_{i-1} は実は最後の s_{i+M-1} と同じである (サイクリックプレフィックスといいます) ことにします．そうすると，未知数が M 個になってめでたく方程式を解くことができます．が，実はサイクリックプレフィックスの恩恵はそれだけではないのです．ここで突然ですが，送信信号 $s_i \cdots s_{i+M-1}$ はもともと送りたかった情報信号 $S_i \cdots S_{i+M-1}$ を逆離散フーリエ変換したものであった，すなわち

$$s_{i+k} = \frac{1}{\sqrt{M}} \sum_{m=0}^{M-1} S_{i+m} \exp\left(j \frac{2\pi}{M} km\right)$$

とします．ただし，$k = 0, \cdots, M-1$ です．さらに，$R_i \cdots R_{i+M-1}$ は $r_i \cdots r_{i+M-1}$ を離散フーリエ変換したもの，すなわち

$$R_{i+k} = \frac{1}{\sqrt{M}} \sum_{m=0}^{M-1} r_{i+m} \exp\left(-j \frac{2\pi}{M} km\right)$$

とします．このとき，$S_i \cdots S_{i+M-1}$ と $R_i \cdots R_{i+M-1}$ の関係は，h_0, h_1 の値によらず，

$$R_i = \lambda_0 S_i$$
$$\vdots$$
$$R_{i+M-1} = \lambda_{M-1} S_{i+M-1}$$

という形になります．これは "任意の巡回行列は離散フーリエ変換行列で対角化される" という性質によるもので，この連立方程式は M 個の 1 元 1 次方程式ですので簡単に解くことができます．離散フーリエ変換は高速フーリエ変換 (FFT) アルゴリズムを用いて効率的に計算できるので，この方法はシステム全体で見ても計算量の少ない伝送方式となっています．以上が，地デジや無線 LAN などで採用されている伝送方式の根本にあるアイデアです．

5. おわりに

我々が，毎日当り前のように使っている多くのものやシステムの裏側では，様々な数理的手法が用いられています．無線通信システムはその典型的な例と言ってよいでしょう．本稿が，無線通信や信号処理，情報理論といった分野，あるいはより広く数理工学全般に興味をもっていただくきっかけとなりましたら幸いです．

(はやし　かずのり)

第 3 章

複雑な現象にせまる

① ゆらぎの数理

五十嵐顕人

1. はじめに

　ある量の変化が規則的でなく乱雑に確率的に変わることをゆらぐと呼ぶことにします．ゆらぎは，日常生活で至る所に，また様々の場合に存在しています．例えば風の強さや方向は絶えずゆらいでいますし，自然の音も強さや振動数が細かく変動するものですし，海の波もその波高はゆらいでいます．ゆらぎは，音の場合雑音と呼ばれることもありますが，ここではやはりゆらぎと呼ぶこととします．例として，コンピューターを用いて作ったゆらぎの例を図1に示します．時間的に乱雑に確率的に変動しているのがわかるでしょう．

　最近話題になった，$1/f$ゆらぎの話を聞いたことがあるでしょうか．ゆらぎを，その変動の周波数fごとに分解し（フーリエ変換）各周波数ごとのエネルギー$P(f)$を調べて，それをfの関数としてあらわします（パワースペクトルと呼びます）．このとき$P(f)$が，fの小さい時に，周波数の増加とともにfに逆比例して減少する場合を$1/f$ゆらぎといいます．（図2）自然界にはこの$1/f$ゆらぎが色々なところで存在します．心地よいそよ風は，そのゆらぎを調べてみると$1/f$ゆらぎとなっていることがわかりました．ところが，台風の時の暴風は$1/f$とはかけはなれた周波数分布を持っています．また，音に関しては，ジェット機の耳をつんざくような雑音（ゆらぎ）を，フーリエ変換してみると，$P(f)$は$1/f$とは程遠い周波数分布を持っています．ところが，モーツアルトなどの名曲やヒットソング（これをゆらぎもしくは雑音と呼ぶのは抵抗がありますが）などは$1/f$ゆらぎを持っている場合が多いのです．胎教のためや，気持ちをリラックスさせるための音楽にはこのような$1/f$ゆらぎを持ったものが適していると言われています．少し前に，扇風機やエアコンの風が$1/f$がゆらぎとなっているものが売り出されました．自然界に存在する心地好いそよ風を真似して自然の風に似た風をつくり出すものだそうです．昔からある単調

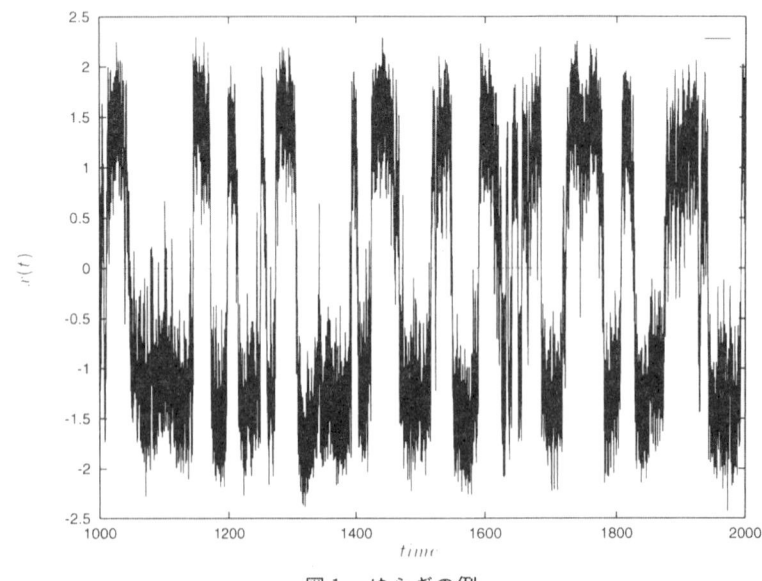

図1　ゆらぎの例

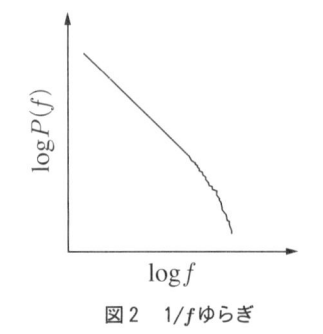

図2　$1/f$ゆらぎ

な一定の風量を出す扇風機よりも，気持ちのいい風を出すのだそうです．これらは，ゆらぎが積極的に役に立つ1つの例になっています．

音の場合ゆらぎは「雑音」とも呼ばれることがあるのですからマイナスのイメージが付きまとい，悪者で排除すべきものととらえられてきました．実際，オーディオアンプ等においてはいかに雑音の少ないもの，正確にはSN比（雑音に対する信号の比）が大きくなるもの，を作るかが重要でした．しかし，上で述べた$1/f$ゆらぎの場合のようにゆらぎが効用を持つ場合も存在します．本稿では，ゆらぎが自然界で役に立っている例として，分子モーターと確率共鳴を例として取り上げてゆらぎの効用に関して説明します．

2．分子モーター

ゆらぎを，積極的に利用している例として，生体内の物の移動，生体自身の運動に利用される分子モーターをまず説明します．分子モーターの働いている例としては，大腸菌などの鞭毛の回転運動（図3），さまざまな動物の筋肉の収縮，生体内での小さな細胞の輸送などがあります．最近では，これらの分子モーターがどのくらいの力を出すのかを，1つの分子モーターを取り出して実験的に精密に測定できるようになっています．この分子モーターの機構にゆらぎが重要な働きをしています．鞭毛の回転運動を起こす分子モーターを例にあげて説明しましょう．

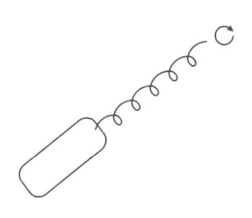

図3　鞭毛を回転させて泳ぐ大腸菌

この鞭毛の回転の機構には色々な説があるのですが一般に認められている，教科書にも載っている機構は以下のようなものです．図4に示すように鞭毛のつけ根はちょうどモーターの回転子のようになっています．この回転子は，大腸菌の本体に接続していますが，その部分を「軸受け」と呼ぶこととします．この「モーター」の駆動は次のようにして行なわれます．「軸受け」の部分には，まわりの組織から水素イオンが時々確率的にやって来ます．「軸受け」にやってきた水素イオンはしばらくはそこに留まりますが，やがてまた確率的に「軸受け」を出ていきます．水素イオンは正の電荷を持っていますので，イオンが「軸受け」に滞在している間は「軸受け」は正の電荷を帯び，もともと電荷を帯びている回転子部分に電気的な力をかけます．このため回転子は一方向（ここでは右周りということにしておきましょう．）にはある程度回れるけれど反対の方向にはほとんど回れなくなります．ところが，水素イオンが「軸受け」の

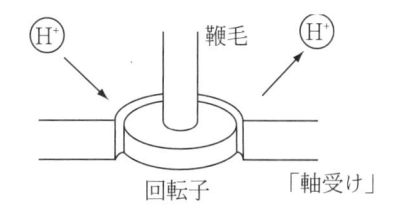

図4　鞭毛の回転子部分

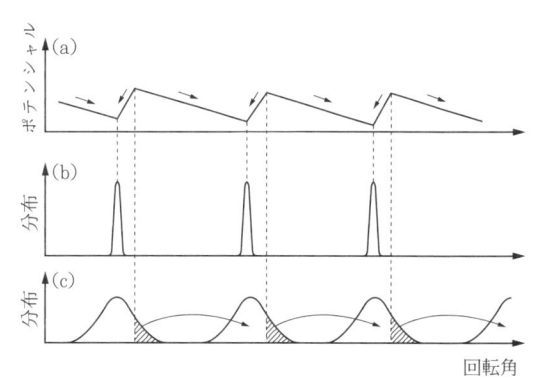

中に存在しない時には，「軸受け」は電気的に中性になり，水素イオンが滞在していた時に「軸受け」から受けた力は働かず，確率的にゆらぐ力だけを受けて回転子は右にも左にも等確率で動きます．水素イオンが「軸受け」を訪れたり去ったりを繰り返していくと，訪れた時はほぼ回転子は右にしか回れず，去った時はどちらにでも回れますので，平均としては右に回転をすることとなります．このような機構で分子モーターは，回転を続けると考えています．以上のような分子モーターの機構を大変簡単なモデルで説明してみましょう．

図5　分子モータのメカニズム

図5では，横軸は回転子の回転角とします．(a)は「軸受け」に水素イオンが滞在している場合のポテンシャルエネルギー（位置エネルギー）を表しています．この時回転子には電気的な力が働きますがその力に対するポテンシャルエネルギーです．矢印で示すような方向に力が働き回転子はこのポテンシャルの底付近の状態に留まっています．すなわち，回転子がどの回転角の状態に存在しやすいかの程度（確率分布）を表したのが(b)です．次に水素イオンが去りますと，電気的な力は働かず，確率的にゆらぐ力を受けて回転子はどちらの方向にも同じ確率で回転できるので，水素イオンがいた時に留まっていた状態から徐々に自由な位置に回転子は回転します．この状態で少し時間がたった時の回転子の状態の確率分布を(b)と同じようにあらわしたのが(c)

第3章　複雑な現象にせまる

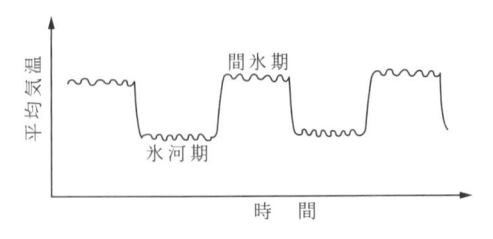

図6　気候変動

図7　周期的変動＋ゆらぎ

です．次に，再び水素イオンが訪れると，(a)のポテンシャルによる力が働くために(c)で斜線で示した状態にある回転子は矢印で示すように回転角が増す，すなわち一回転を行ないます．このようにして，回転子は一方向に回転していきます．この際，回転子には力は平均としては右にも左にも平等に働いているにもかかわらず，ゆらぎの助けを借りて一方向に回転します．以上のことは，このモデルの運動方程式を，コンピューターでシミュレーションし，また理論的に解いて，確かめられています．

3．確率共鳴

3．1　気候変動

確率共鳴は，最初地球の気候変動を説明するために考案されました．すなわち，約10万年の周期で地球は氷河期と間氷期の2つの状態を正確に繰り返しています．(図6) これの原因は，最初，地球の公転軌道の離心率が10万年の周期で変動しているために，同じ周期で太陽から地球に届く熱量も変動し気候が変動するものと考えました．ところが，氷河期や間氷期は比較的安定で，太陽から受けるエネルギーがある程度変化しないと，2つの状態を移り変われません．公転軌道の離心率の周期的な変動による地球が受ける太陽からのエネルギーの変動の大きさは，気候を氷河期から間氷期（その逆も）へ変えるには，小さ過ぎます．ましてや，離心率の変化の周期に同期して気候が氷河期と間氷期との間を周期的に移り変わるには，十分な大きさではないことが調べてみるとわかりました．公転軌道の周期的な変動だけで説明するのは不十分であるということです．

太陽から受けるエネルギーの変動は上で述べた周期的な変動だけでなく，様々な原因（自転，他の惑星等からの影響，月の影響等々）からなる確率的なゆらぎを含んでいます．そこで，次に，このゆらぎが原因で気候変動が起こるものと考えました．確かに，ゆらぎは確率的に起こる変動ですから，長い時間の間には2つの状態を移り変わるには十分な大きさの変動が起こる可能性があります．しかし，その変動は乱雑に起こり周期的に2つの気候の状態を移り合うことは，ゆらぎだけを考慮したのでは決して実現されません．

ゆらぎと周期的な変動とが組合わされてはじめて，（図7にこのような変動の例を描きます．）相乗効果を生み実際の気候変動を実現させていると考えました．すなわち，ゆらぎによって2つの状態を移り合うことができるわけですが（ただし周期的ではない），その移り合う時間の平均値（ゆらぎの大きさによっています．）が周期的な変動の周期と等しくなる時，一種の「共鳴」が起こり，周期的な気候変動が実現されます．周期的な変動だけ，ゆらぎだけでは決して説明できなかった，気候の変動がゆらぎと周期的な変動の相乗効果で起こることを説明しました．

このように，ゆらぎ（確率的な変動）による効果が周期的な変動と「共鳴」する現象なのですから，「確率共鳴」と名付けられました．その後確率共鳴は様々な系で実験的に確認されました．生物的な系の代表としてザリガニの感覚器官，物理的な系の代表としてリングレーザーで起こる確率共鳴を説明しましょう．

3．2　ザリガニの感覚器官

図8にはカエルに食べられそうになっている，ザリガニを描きました．本州に広く生息しているアメリカザリガニは，明治時代に食用に養殖しようと輸入された食用ガエル（ウシガエル）の餌として同じく輸入，養殖されました．ところが，食用ガエルもそうですが，養殖場から逃げ出してしまい，北海道を除く全国各地に広がっています．カエルに関しては，日本に昔からいた在来種のカエルと共存していますが，在来種のザリガニはこのアメリカザリガニに駆逐されてしまい，北海道以外ではほとんど絶滅に近い状態となっています．

図8　カエルに食べられそうなザリガニ

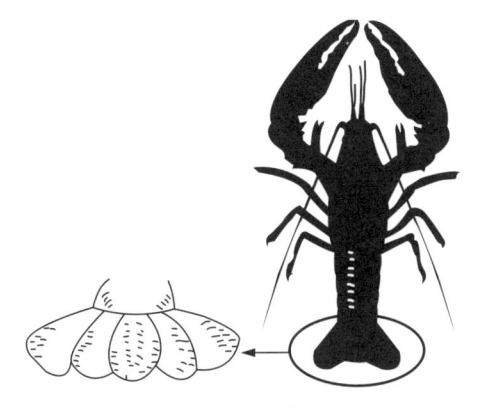

図9　ザリガニの尾

さて図9は，ザリガニの尾です．ここに生えている短い毛のようなヒゲのようなものは，水の流れを関知する感覚器官です．このヒゲでザリガニは，自身を餌としている大型の魚や食用ガエルの近付いて来る気配を水流を介して敏感に関知するのです．この「ヒゲ」がどのような性能を持っているか調べるために，次のような実験を行なってみます．

このヒゲの部分を含む感覚器官を1つ取り出して，それを台の上に固定します．この台を水中に置き，台を周期的に振動させ，さらにその動きに確率的なゆらぎを加味して振動させます．すなわち図7のような振動を与えます．こうして，周期的に変動をする水のながれにゆらぎが加わった水流の中にこの「ヒゲ」が置かれている状況を作り出します．この状況で，感覚器官の神経細胞が発火する（神経細胞が活動的になっている状況をこのように言います．）かどうかを調べてみました．こうして調べたところ水流の周期的な変動が大変小さく，それだけでは神経細胞が発火しない場合（すなわち神経細胞が活動的でなく，「ヒゲ」がこの水の流れを関知してない場合）でも，ゆらぎが加わることで発火することがわかりました．すなわち，ゆらぎの大きさが適当な値の場合には神経細胞は外界の水流の周期的な変動を関知できて，それと同期して発火することが観測されました．また，周期的な発火を信号(S)とし，その大きさの，信号以外のゆらぎ(N)の大きさに対する比，SN比をもともとの台をゆらしたゆらぎの大きさの関数として描いたのが図10です．SN比が，適当な大きさのゆらぎを加えることで改善されることがわかります．すなわち，ゆらぎの力をかりて外界の水流の微弱で周期的な変化を的確に関知できるようになると解釈できます．自然の状態では水流はゆらぎを含んでいることは避けられませんが，それに埋もれている信号（ここでは周期的な水流，魚やカエルの近付いて来る気配）を関知しなければならないザリガニはこのゆらぎに邪魔されるどころか，ゆらぎを積極的に利用してより敏感に信号をとらえることができる仕組みを持っていると考えています．

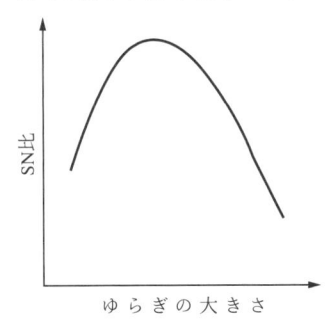

図10　SN比

3.3 リングレーザー

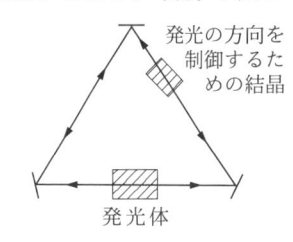

レーザーとは，誘導輻射（発光体に照射した光の強さに比例した強さの光がその発行体から発光する現象）を利用して大変位相の揃った強い光を発生する装置です．その際発光体（ルビー，サファイヤ等の固体，炭酸ガス等の気体等々を使います．）で発生した光を，何らかの仕掛けを使って自分自身に照射し誘導輻射を起こさせ，それによって光を出させる必要があります．すなわち，自分で出した光を自分で受けてさらに自分で光を出し，その光をまた発光体自身に照射して…．というようにして強い光を発生させます．自分で出した光を自分自身に照射する方法の1つが図11に示すような装置です．鏡を組み合わせてリング状の光の経路を作り，何らかの方法でエネルギーを発光体に与えて発生させた光を発行体自身に戻してやってレーザー発光を実現します．これをリングレーザーと呼びます．

図11　リングレーザー

このリングレーザーでは発光の状態として光が右周りに発光するのと左周りに発光するのと2つの状態が存在します．2つの状態を移り変わらせるためには，ある種の結晶をリング状の光の経路の途中に置きます．さらに，この結晶を弾性振動させておきます．この弾性振動の振動数によって右向きの光だけがこの結晶を通りやすくなったり，左向きの光だけが通りやすくなったりします．すなわちこの結晶の弾性振動数を変更することでリングレーザーの発光の向きを制御できるのです．

そこで，この弾性振動の振動数を時間的に周期的に変えてみます．ただし，この周期的な振動数の変動だけでは2つの発光状態（右向きと左向き）を相互には移れない程変動幅は小さいとします．この振動数の変化にさらに確率的なゆらぎを加えます．すなわち図7に示すような弾性振動の周波数の変動を起こしてみます．このゆらぎによってレーザーは発光の2つの状態を移り合えるようになります．気候変動の場合と同じように，このゆらぎだけで周期的な変動がない場合は2つの状態

を移り合うことはできますが周期的に2つの状態を移り合うということはありません．

さてこのゆらぎの大きさを適当な大きさに設定すると，発せられたレーザー光は，右向き左向きの発光が弾性振動の振動数の周期的な変動に同期して切り替わります．さらに，レーザーから発せられた光の方向の周期的な変動の部分を信号(S)と考え，それの強さの，光の発光方向のゆらぎ(N)の強さに対する比，SN比，の弾性振動数のゆらぎの強さに対する依存性を調べてみると，この同期が起こるゆらぎの強さで極大を示します．すなわち，図10に示すようなグラフとなります．言いかえると，この場合にはゆらぎ（雑音）を増やすとSN比が改善される場合があるという常識とは違う事実が観測されたのです．

3.4 モデルによる説明

この確率共鳴を説明できるモデルを立てるために，その特徴を整理しておきましょう．確率共鳴の起こる系は比較的安定な2つの状態がある系で外部から周期的な変動に加えて確率的なゆらぎの影響（図7）も受ける時に，ゆらぎの大きさが適当な場合には，系は周期的な変動の周期とよく同期して，2つの状態を移り変わるようになる現象です．すなわちこれは，周期的な変動が大変弱く，それ単独では系の状態をそれと同期させて変動できない場合にも，ゆらぎを加えることによって同期を実現できるという現象です．さらに，SN比をゆらぎの大きさの関数として調べると，系が周期的な変動と同期するゆらぎの大きさでピークを持ちます．（図10）

上で述べた特徴をあらわすために，次のようなモデルを考えます．図12で示すようなポ

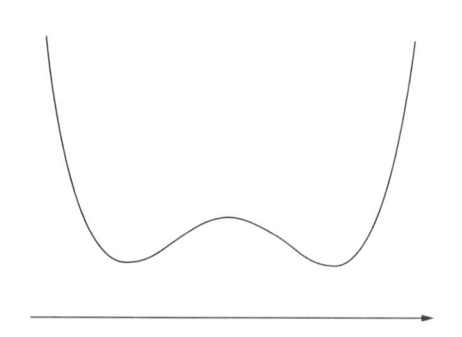

図12　2つの極小を持つポテンシャルエネルギー

テンシャルエネルギーの中を運動する質点を考えます．図12のポテンシャルは2つの極小を持っており，この極小付近には，質点は比較的安定に存在することができます．気候変動の場合でしたら，片方が氷河期に対応しもう片方が間氷期に対応します．リングレーザーでは，一方が右周りの発光状態，もう一方が左周りの発光状態にあたります．また，ザリガニの場合は，片方が神経細胞が発火している状態，もう片方が発火していない状態に対応しています．この質点に周期的な力が加わるとします．さらに確率的に変動する力（ゆらぎに対応）も加わります．このようなポテンシャル中の質点の運動で確率共鳴がモデル化されることは，運動方程式をコンピューターで数値的に解き確かめられました．また理論的にも運動方程式から確率共鳴を起こすことが確かめられています．

3.5 その他の系の確率共鳴

上で述べた例以外にもさまざまな系において確率共鳴が起こることが示されています．物理系では，反磁性体，SQUIDと呼ばれる超伝導現象を利用して精密に磁場を測定できるデバイス等で観測されています．また，生物系では生体膜をイオンが通過する性質に関して，あるいは色々な生物の神経細胞に刺激を与えることで，確率共鳴が起きることが確認されています．また，最近人間の知覚に関してゆらぎを利用した実験が行なわれています．そのままでは見にくい非常に暗い画像を認識するために，画像にわざとランダムなゆらぎを加えます．そうすると，ゆらぎを入れなかった時には人間の目で認識し難かった画像が，ゆらぎのおかげで認識できるようになるのです．画像においては，普通はゆらぎは画像を不鮮明にしますのでいかにそれを取り除くかが考慮されるのですが，この場合はゆらぎを積極的に利用して画像の認識に役立てることができます．

4．おわりに

ここで取り上げた，ゆらぎの影響を受ける系をモデル化すると，数学的には系の状態は確率過程として取り扱うこととなります．確率過程とは確率変数が時間の関数として変化していくものです．この確率過程の時間的変化を記述するのが，確率微分方程式です．この確率微分方程式をコンピューターで数値的に解いたり理論的に解を見つけたりして，上に述べたモデルは調べられて来ました．

普通は，ゆらぎ（雑音）というと，邪魔なもの，取り除くべきものと考えますが，ここで述べたようにゆらぎがあるためにかえって良い結果を生む場合があります．ゆらぎの効用について説明しました．

京都大学工学部情報学科数理工学コースのホームページは http://www.s-im.t.kyoto-u.ac.jp/mat/ja です．

（いがらし　あきと）

②

神が采を投げずとも
—コイン投げ・カオス・大きな揺らぎ—

宮崎　修次

コイン投げで試合開始

サッカーの試合の前などには，コイン投げをして，どちらが先にキックオフをするか，あるいは，どちらの方向に攻めるかを決めます．表が出るか裏が出るか五分五分の確率で当たるものを予想させて，一方のチームに有利にならないようにしています．実は，このコイン投げを何回か続けた結果得られた表裏の文字の列をある数式を用いて再現できるのです．わたしたちが普段使っている数は 0 から 9 までの 10 個の数字を用いる十進法に基づいています．コイン投げでは，表と裏，2 通りの場合しかないので 0 と 1 の二つの数字しか使わない二進法で数字を表したほうが便利です．これより表は 0，裏は 1 と対応させることにしましょう．コイン投げを行って，例えば，表表裏表表裏裏裏表という結果がでたら，001001110 と置き換え，左端に 0. をつけて，$0.001001110_{(2)}$ という二進数で表すことにします．このようにしてコイン投げから得られる任意の表と裏の文字列を 0 以上 1 未満の二進数で表すことができます．

小数点の右側の数字がコイン投げで得られる結果に対応するものと考えて，小数点の位置を右にひとつずつずらしていきます．場合によっては，小数点の左側に 1 が来ることがありますが，そのときはそれを 0 に置き換えて，常に 0 から 1 までの値の二進数にしておきます．このことを差分方程式（数列）で表してみましょう．

$$x_{n+1}=f(x_n)=2x_n \mod 1 \quad (n=0, 1, \cdots)$$

x_n は 0 以上 1 未満の実数で，2 倍して 1 以上になったら 1 を引くことを mod 1 で表しています．この写像 f をベルヌイシフトといいます．小数点の位置が右に一桁にずれることが十進数では 10 倍することになりますが，二進数では 2 倍することになることに注意しましょう．前述の例で，コイン投げの結果を二進数に置き換えた $0.001001110_{(2)}$ を x_0 として f を繰り返し作用させて，$x_1, x_2, x_3, \cdots$ を求め，それぞれの小数点の右側の 0(1) を表（裏）と置き換えると，まったくランダムなコイン投げの結果を上に示した簡単な写像 f で再現できることがわかります．コイン投げから得られるどんな結果も 0 以上 1 未満の二進数 x_0 で表現できますから，どんな場合も初期値 x_0 と写像 f でコイン投げの結果を再現できます．

今度はあてずっぽうに x_0 を与えてみましょう．0 以上 1 未満の実数の中には有理数もあれば，無理数もあります．有理数を二進数で表すと $\frac{3}{4}=0.11_{(2)}$ のように有限の桁の数になるか，$\frac{13}{15}=0.1\dot{1}0\dot{1}_{(2)}$ のように循環する小数になります．一方，無理数は決して循環しません．0 と 1 の間には有理数も無理数も無限個ありますが，有理数は番号をつけることができる（自然数との間に 1 対 1 写像を作ることができるということです）のに対して，無理数は番号がつけられないほどたくさんあることがわかります．0 と 1 の間の実数をひとつ選び出すとき，それが有理数である確率は無視できるほど小さいのです

世紀の対決　カオス　対　ラプラスの悪魔
（関心のある読者は「神は采を投げず」と「ラプラスの悪魔」の意味を調べてみて下さい）

[1]．従って，無造作に選んだ x_0 は0と1が決して周期的に並ばない無理数と考えてよいですから，それに f を作用させて小数点の右側の数字をコインの表裏に置き換えるとあたかもコイン投げをやっているかのように表と裏がでたらめに現れることになります．

運動方程式は簡単なのに

このように一行で書けるような写像（一般には，運動の法則を決める運動方程式）が生み出すでたらめな（予測できない）現象をカオスといいます．この「数理工学のすすめ」というシリーズでも，以前に何度か登場した現象です．コイン投げのようなランダムな現象にしろ，ベルヌイシフトのようなカオスにしろ長期にわたって未来を予想することは意味がないので統計的に扱わざるを得ません．ランダムな時系列，あるいはカオスによる不規則な時系列はその平均値のまわりにどのように揺らいでいるのでしょうか．またコイン投げとベルヌイシフトの例に戻りましょう．

表が出たら0，裏が出たら1という得点をもらうとすれば，その平均値は $\frac{1}{2}$ です．ベルヌイシフトの場合は，x_n が $0 \leq x_n < \frac{1}{2}$ を満たせば0，x_n が $\frac{1}{2} \leq x_n < 1$ を満たせば1となる量を考えればコイン投げと同じになります．コイン投げを例えば100回行ったときの実際の平均値は $\frac{1}{2}$ に近いでしょうが，0.42とか0.51とかコイン投げを行うたびに変動するでしょう．100回ともどちらか一方が出ることは極めて稀でしょう．それでは n 回コイン投げを行ったときに平均値が z となる確率 $p(n, z)$ を具体的に求めてみましょう．

10 マルク分布を越えて

平均値が z ということは裏が nz 回出たことになります．n 回のコイン投げで表か裏のでる全ての場合の数は 2^n で，n 回のうち裏が nz 回だけ出る場合の数は $_nC_{nz}$ ですから

$$p(n, z) = \frac{_nC_{nz}}{2^n} = \frac{n!}{(nz)!(n-nz)!2^n}$$

となります．両辺の対数をとりスターリングの公式 $\log n! \sim n \log n - n$（$\sim$ は $n \to \infty$ の極限で両辺の比が1程度の大きさになることを表します）というものを使うと

$$\log p(n, z) \sim -n[z \log z + (1-z)\log(1-z) + \log 2]$$

となり，角括弧の中を $\psi(z)$ とおくと

$$p(n, z) \propto e^{-n\psi(z)}$$

となります．$\psi(z)$ は何を意味しているのでしょうか．$z=0(1)$ は表（裏）が立て続けに n 回出る場合に対応します．そのような確率は $p(n, 0) = p(n, 1) = \frac{1}{2^n} = e^{-n\log 2}$ ですから n が大きくなるにつれてたちまち0に近づきます．対応する $\psi(z)$ は $\psi(0) = \psi(1) = \log 2$ です．全ての z について $\psi(z)$ が求まりますが，（$z<0$, $z>1$ では $p(n, z) = 0$ なので $\psi(z) = \infty$ とします）それは n 回の試行での平均値が z という値をとる確率が，$n \to \infty$ という極限で，0に近づく速さを表していると考えることができます．z が真の（$n \to \infty$ で求めたという意味です）平均値であれば $\psi(z) = 0$ となります．今の場合は $\psi\left(\frac{1}{2}\right) = 0$ です．この $\psi(z)$ は自然科学のいろいろな分野で揺らぎを特徴付ける関数として現れ，レート関数や揺らぎのスペクトルなど研究分野毎に様々な名前で呼ばれています．

コイン投げの $\psi(z)$ は $\left|z - \frac{1}{2}\right| \ll 1$，すなわち平均値からのずれが十分小さいときは

$$\psi(z) \approx 2\left(z - \frac{1}{2}\right)^2$$

と近似でき

$$p(n, z) \propto e^{-2n\left(z - \frac{1}{2}\right)^2}$$

となります．これは，平均値のまわりの小さな揺らぎが正規分布に従うという中心極限定理を示しているのです［2］．この定理はコイン投げの $z=0$ や $z=1$ の例からわかるとおり平均値から大きく外れた場合に正しい $p(n, z)$ を与えません．$\psi(z)$ のような量を考えて平均値の近く

のみならず，大きく外れた部分の揺らぎを正確に特徴付ける理論を大偏差理論といいます．

中心極限定理すら成り立たない

次に，別の例をあげましょう．蟬のように卵がかえる時には卵を産んだ親は死んでいて世代が重なることのないような昆虫の個体数の世代変化を考えてみましょう．ある世代の個体数が N_n で次の世代の個体数がその α 倍となるとすれば時間変化を表す写像は

$$N_{n+1} = \alpha N_n$$

となり，$\alpha > 1$ では指数関数的に個体数が増大します．現実には，えさの数に制限があるなどの理由から，極端に個体数が増えると α は小さくなるものと考えられます．そこで，個体数に比例して α が減ると考えて $\alpha = r - cN_n$ とおき，$\dfrac{cN_n}{r}$ を x_n と置き換えると

$$x_{n+1} = g(x_n) = rx_n(1-x_n)$$

というロジスティック写像と呼ばれる写像が得られます．この写像では，r の値によって x_n は周期的になったりカオスになったりします［3］．$r=4$ のときは $\log|g'(x_n)| = \log|4(1-2x_n)|$ という量の $n=1$ から $n=n$ までの平均値が z となる確率の $n \to \infty$ の漸近形から $\psi(z)$ が厳密に得られ，次のようになります［4］．

$$\psi(z) = \begin{cases} \infty & (z > 2\log 2) \\ z - \log 2 & (\log 2 \leq z \leq 2\log 2) \\ \log 2 - z & (z < \log 2) \end{cases}$$

見てのとおり，平均値 $\log 2$ のまわりで $\psi(z)$ は尖っており，平均値のまわりの小さな揺らぎでさえ中心極限定理が成立しません．これは極端な例ですが，$\psi(z)$ は揺らぎの全貌を如実に捉えているのです．

発見，忘却，そして再発見

ここで触れたカオスはポアンカレ（1854-1912）が天体力学の研究を行った中で見出されました．電磁気学の基本方程式を確立したマクスウェル（1831-1879）は Matter and Motion（物質と運動）という物理学の入門書の序章で，カオスという言葉は使っていませんが，「線路のポイント（転轍機）のように，物理現象の中には初期状態のわずかな違いが最終状態の大きな変化をもたらす場合もある」と述べています．この本に注釈をつけたラーモア（1857-1942）はこの部分を補足して，「気象が局所不安定性の際限のない蓄積によるものとみなす限りにおいて，有限個の法則の組み合わせに帰着できないだろう」と述べています．20世紀の後半になってコンピュータが自然科学の研究に用いられるようになるとローレンツ（1917-）が気象現象でも現れる対流の発生点前後を「有限個の法則の組み合わせ」（ローレンツモデル）に帰着させ，コンピュータを用いて解析し，カオスを再発見しました［5］．カオスの研究は発見，忘却，再発見と紆余曲折を経て今日に至っていますが，カオスが大勢の科学者から忘れ去られていた間にもその重要性に気づいていた人はわずかながらいたのは確かです．

江戸時代のカオス応用？

偶然，NHK 総合テレビで 1999 年 5 月 25 日に放映された「ニッポンときめき歴史館 滝沢馬琴 50 歳からの健康法」を見たのですが，番組の中で江戸時代の安眠装置が出てきました．当時の医者の平野重誠という人物が考案したもので，『病家須知』（びょうかこころえぐさ）という書物（巻一・四十九）に図が載っています［6］．その作りは極めて簡単で台に載せた水だめの底の方に小さな放水口がついていて，そこから床に置いた金だらいに水がぽたぽたと音を立てて落ちるというものです．実はこのような系では，放水量に依存して水の滴り落ちる間隔が周期的になったり，カオスになったりすることが知られています．わたしたちの周りを吹き抜ける風も，壊れた雨どいから滴り落ちる水の

音も周期的ではないようです．馬琴が心地よい眠りにつく水の音のリズムもカオスなのかもしれません．ひょっとしたらカオスは Musiktherapie（音楽療法）に使えるのではないでしょうか．カオス的なリズムが人を快くするとしたら，その揺らぎはどうなっているのでしょうね．

参考文献

[1] 難しい言葉を使えば，有理数は可算の濃度を持ち，無理数は連続体の濃度を持つからです．このあたりの話を解説した本として，小林貞一　集合と位相　培風館　1977　ISBN：4563004014 を挙げておきます．[3] の文献にも解説があります．

[2] 正規分布はガウス分布ともいいます．ドイツの10マルク紙幣にはガウスの肖像及びガウス分布の式とグラフが印刷されています．私のドイツ人の友人は冗談半分に「いずれドイツ人はガウス分布のことを10マルク分布と呼ぶようになるだろう」と話していました．しかし，通貨統合により10マルク分布という言葉が人口に膾炙する可能性はなくなったようです．

[3] 一次元写像のカオスの入門書として，長島弘幸・馬場良和　カオス入門　培風館　1992　ISBN：4563022004 を挙げておきます．

[4] x_n からわずかにずれた $x_n+\delta$ $(0<\delta\ll 1)$ に写像 g を施すと $g(x_n+\delta)\approx g(x_n)+g'(x_n)\delta$ とかけることから $|g(x_n+\delta)-g(x_n)|\approx|g'(x_n)|\delta$ となり，$|g'(x_n)|$ はある時刻でのわずかなずれ δ が次の時刻にどれだけ増幅（減衰）するかを表しています．$\log|g'(x_n)|$ は局所拡大率と呼ばれ，カオスを特徴付ける大切な量です．$\psi(z)$ の導出は以下の専門書に譲ります．面倒な計算が必要となるからです．森肇・蔵本由紀　散逸構造とカオス　岩波書店　1994　ISBN：4000104454

[5] ローレンツ自身によるカオスの解説書があるので挙げておきます．ローレンツ　カオスのエッセンス　共立出版　1997　ISBN：4320008952

[6] 以下の文献に収録されています．江戸時代女性文庫95　大空社　1998　ISBN：4756801641

（みやざき　しゅうじ）

著者のメールアドレス：
syuji@i.kyoto-u.ac.jp
著者のホームページ：
http://wwwfs.acs.i.kyoto-u.ac.jp/~syuji/

③

カオスとその利用・制御

船越　満明

　数理工学においては、工学をはじめとするいろいろな分野のさまざまな対象を適当な数学的な式を用いて書き表し、それをもとにして対象系のふるまいを明らかにし、さらにそれを予測したり、制御することが重要です。今回は、この対象系の示す面白いふるまいとして知られているカオスについて、簡単な数式を用いて説明したあと、カオスが実際的な問題とどのようにかかわっているかを話すことにしましょう。

1. 昆虫の個体数変化を決めるルール

　生物学においては、ある環境の下での1種類の生物だけからなる集団を考え、その数の時間的変化を調べることがしばしば行われてきました。例えば、成虫が卵を産むとすぐに死んでしまうので世代が明確に分離されているような昆虫の集団を、閉じた容器の中で飼育して時間あたり一定の割合でエサを与え続けたときに、昆虫の個体数が1世代ごとにどのように増減していくかを調べる実験です。このような実験においては、個体数が不規則に変化するというデータが得られる場合もありました。そのようなふるまいはどのように解釈したら良いでしょうか。この不規則さの原因としては、まず昆虫のまわりの環境が時間とともに不規則に変化していることが考えられます。すなわち、実験においてエサを与える割合や温度等の環境をきっちりと指定しようとしても、実際にはそれらの不規則な小さい変動が避けられないので、この不規則な環境変動が昆虫の個体数の不規則な変化をもたらした、という考え方です。

　これに対して、アメリカの生物学者ロバート・メイは、環境の不規則な時間変動がなくても、昆虫の集団というシステム自身のもつある決まった時間変化のルールの下で個体数の不規則な時間変化が可能であることを示しました。彼が調べたルールは大変簡単なもので、次の式で与えられます

$$x_{n+1} = ax_n\left(1 - \frac{x_n}{b}\right) \quad (n=1, 2, \cdots) \quad (1)$$

ここで n は世代を表す自然数であり、x_n は第 n 世代での個体数、x_{n+1} は第 $(n+1)$ 世代での個体数を表します。また a, b は正定数であり、これらの値を決めると個体数の時間変化のルールが決まります。このルールの下で第1世代の個体数 x_1 が与えられると、(1)で $n=1$ とした式から第2世代の個体数 x_2 が決まります。次いで(1)で $n=2$ としたものを使って x_3 が決まり、$n=3$ としたものを使って x_4 が決まり、…と第2世代以降の個体数が順次決まっていきます。この(1)のように x_n から x_{n+1} を決めるルールは、数列の漸化式と呼ぶ方がなじみが深いかもしれませんが、ここでは x_n に x_{n+1} を対応させる写像と呼ぶことにします。

　ここで、メイの調べた(1)の写像の意味、とくに定数 a, b の意味を考えてみましょう。まず昆虫の飼育されている環境が理想的で、エサも無限にあり、飼育されている場所も充分に広いという場合を考えます。この場合の x_{n+1} は x_n からどのように決まると考えるのが妥当でしょうか。それは、ある正定数 a を用いて、

$$x_{n+1} = ax_n \quad (n=1, 2, \cdots) \quad (2)$$

と表すのが自然であると思われます。この a は平均として1匹の親から何匹の子が産まれるかを表しており、ここでは増殖率と呼ぶことにします。(2)は公比 a の等比数列のみたす漸化式ですので、任意の自然数 n に対して、$x_n = a^{n-1}x_1$ と表せます。いま考えている理想的な環境の下では通常 $a>1$ であり、x_n は n とともに急激に増加し昆虫は限りなく増えていくことになります。

　しかし、閉じた容器の中で飼育されていて、時間あたりのエサの供給量が決まっている場合には、いくらでも数が増えるというわけにはいきません。一般に個体数が多くなると増殖率が小さくなると考えられます。この効果は密度効果と呼ばれていますが、それを表現するために例えば

$$増殖率 = a\left(1 - \frac{x_n}{b}\right) \quad (3)$$

と置いてみます。これを(2)における a のかわりに使うと(1)の写像が得られます。(3)においては、個体数が非常に少ないときには増殖率が a に近

いのですが，個体数が多くなると増殖率が減少し，x_n が b に近い場合には，たとえ $a>1$ であっても増殖率は 1 より小さくなって次の世代の個体数が今より減ることが起こります．とくに x_n が b ならば次の世代の個体数は 0 となり，これは集団全体が共倒れになるという極端な場合を示しています．なお x_n が b より大きいと x_{n+1} は負となって(1)の写像は意味がなくなるので，以下では $x_n \leq b$ の場合だけを考えます．従って b は，与えられた環境の中での個体数のとり得る最大値と考えられるので，ここでは許容個体数と呼ぶことにします．また(1)の写像において a は増殖率のとりうる最大の値なので，以下ではこれを最大増殖率と呼ぶことにします．

2．個体数の不規則変化とカオス

(1)の写像の意味が分かったので，いよいよこの写像からどんな個体数変化が得られるかを見てみましょう．その前に，話をわかりやすくするために，x_n のかわりに

$$y_n = \frac{x_n}{b} \quad (n=1, 2, \cdots) \tag{4}$$

で定義される y_n を使うことにします．この y_n は昆虫の個体数の許容個体数に対する比率を表していて，0 から 1 までの値をとります．(4)から得られる $x_n = by_n$, $x_{n+1} = by_{n+1}$ を(1)に代入すると，

$$y_{n+1} = ay_n(1-y_n) \quad (n=1, 2, \cdots) \tag{5}$$

が得られます．いま，すべての許される a と y_1 の値に対して(5)から個体数の変化がわかっていたとします．すると，どんな a, b と x_1 の値に対する(1)のふるまいも，この b と x_1 から求まる y_1 と与えられた a に対して得られている y_n のふるまいをもとにして，(4)を使って x_n に戻すことによってわかってしまいます．従って，(1)で b の値をいろいろと変えてふるまいを調べる必要はなく，(5)を調べるだけで充分です．

そこで以下では(5)の写像を使って，a と y_1 のいろいろな値に対して，個体数の時間変化のふるまい y_1, y_2, y_3, $\cdots$ を調べていくことにしましょう．ただし a の値はいくら大きくてもよいというわけにはいきません．すなわち，すべての自然数 n に対して $0 \leq y_n \leq 1$ がみたされている必要がありますから，(5)から求めた y_{n+1} もこの条件をみたさないといけません．一方 $0 \leq y_n \leq 1$ をみたす y_n に対しては $0 \leq ay_n(1-y_n) \leq \frac{a}{4}$ が成り立つので，$0 \leq y_{n+1} \leq 1$ であるためには $0 < a \leq 4$ でないといけないことになります．以下では，この範囲のいろいろな a に対する y_n のふるまいを調べていくことにしましょう．その際，具体的な数値例をいくつか示しますが，その計算は大変簡単なので，読者の皆さんが自分で確かめながら読んでもらうのもよいと思います．

まず，a が 1 より小さい場合を考えてみます．例として $a=0.7$, $y_1=0.5$ とすると，y_1, y_2, y_3, $\cdots$ の値は

0.5，0.175，0.101$\cdots$，0.063$\cdots$，0.041$\cdots$，0.027$\cdots$，$\cdots$

と単調に減少して 0 に近づいていきます．$a<1$ のときには y_n の値にかかわらず増殖率 $a(1-y_n)$ が 1 より小さいので，この例のように個体数が単調に減少していくわけです．一方，a が 1 より大きい場合の話はこれほど簡単ではありません．すなわち個体数が充分少ないときには増殖率が 1 より大きくなって次の世代で増加しますが，個体数が多すぎると増殖率が 1 より小さくなって次の世代で減少します．従って，個体数がどのように増減するかはこのような増殖率の大小の考察だけからはわかりませんので，いくつかの具体的な a の値に対して y_n のふるまいを調べてみましょう．

まず $a=2$ の場合は，$y_1=0.1$ とすると y_1, y_2, y_3, $\cdots$ の値は

0.1，0.18，0.295$\cdots$，0.416$\cdots$，0.485$\cdots$，0.499$\cdots$，$\cdots$

となります．すなわち個体数は単調に増加して，$n \to \infty$ のときに y_n はある値に近づいていくように見えます．この近づいていく値（漸近値）を y_f とすると，それは次のようにして厳密に求めることができます．まず $n \to \infty$ のときに y_n が y_f に近づいていくならば，この y_f を(5)における y_n の値として与えたときに y_{n+1} の値も y_f になると考えてよいでしょう．従って，

$$y_f = ay_f(1-y_f)$$

という関係式が得られます．これを解くと y_f は

$$0 \text{ あるいは } Y_f = \frac{a-1}{a}$$

となります．このうち 0 は明らかにいま求めようとしている漸近値とは異なるので，もう一方の Y_f を考え，$a=2$ を代入すると 0.5 となります．これが先の計算例で y_n が $n \to \infty$ で漸近していく値です．そして一般に $1 < a \leq 3$ をみたす a に

対しては，0と1以外のどんなy_1から出発しても，y_nは$n\to\infty$でY_fに近づいていくことがわかります．この場合の昆虫の集団は，最初の個体数がY_fに対応する値より多くても少なくても，最後にはこのY_fに対応する個体数をずっと保つ状態に落ち着くわけです．

上のY_fの形から，$1<a\leq 4$の範囲内のすべてのaに対してY_fは存在し，また，その値は0と1の間にあります．しかしながらaの値が3を越えると，大部分のy_1から出発したy_nはY_fには近づいていかず，そのふるまいはもう少し複雑になります．例えば$a=3.3$のときには，$y_1=0.4$から出発したy_1，y_2，y_3，…の値は，
0.4，0.792，0.543…，0.818…，0.489…，0.824…，0.477…，0.823…，0.480…，…
となり，$Y_f=0.696$…に近づいていくようすはありません．それよりむしろ，奇数のnと偶数のnに対する1つおきのy_nの値の列をみていくと，各々の数列はそれぞれある値に近づいていくように見えます．従って，y_nは$n\to\infty$である2つの値を交互に取る状態に近づいていくと予想されます．これらの値をY_1，Y_2とすると，Y_fを求めたときと同様な考え方から
$$Y_2=aY_1(1-Y_1),\quad Y_1=aY_2(1-Y_2)$$
が得られます．この連立方程式を解くと，Y_1，Y_2は
$$\frac{a+1\pm\sqrt{(a+1)(a-3)}}{2a}$$
と表されることがわかります．先の計算例で用いた$a=3.3$をこの式に代入すると，Y_1，Y_2の値は0.479…，0.823…となりますが，この計算例でのy_1，y_2，y_3，…の数列は確かにこの2つの値を交互にとる状態に近づいていきます．このような，個体数が比較的大きい値と小さい値を交互にとる2世代ごとの周期性を示す状態は，$3<a\leq 1+\sqrt{6}$の範囲のaに対して見られることがわかっています．

aの値をさらに大きくしていくと，y_nのふるまいはもっと複雑になっていきます．すなわち$1+\sqrt{6}<a\leq 3.544\cdots$では，$y_n$は4つの値を順番に繰り返す4世代ごとの周期性を持つ状態に近づいていき，$3.544\cdots<a\leq 3.564\cdots$では8世代ごとの周期性を持つ状態に近づいていきます．このように，aの増加につれて周期が倍々になっていくのですが，各周期の状態を与えるaの区間幅はどんどん狭くなっていきます．

そしてaが$a_c=3.5699\cdots$を越えると，y_nは不規則にふるまい始めます．例えば$a=3.95$で$y_1=0.3$とすると，y_1，y_2，y_3，…の値は
0.3，0.829…，0.558…，0.973…，0.100…，0.356…，0.906…，0.335…，0.880…，
となり，周期性が見られません．さらに，この先いくら大きなnまで計算しても，この数列には規則性が見出せません．このふるまいは「カオス」と呼ばれている「不規則さを含まないルールによって決まる不規則なふるまい」の典型的な例になっています．すなわち，(5)の写像には外からの不規則さをもつ効果が全く含まれていないにもかかわらず，それによって決定されているy_nのふるまいが不規則なので，それをカオスと呼ぶわけです．メイはこうして，不規則な環境変動がなくても昆虫の個体数の不規則な時間変化が可能であることを示しました．このカオスの存在の意義を一般的に言えば，次のようになります．ある対象系が不規則なふるまいを示す場合でも，その対象系に外から不規則な作用が及ぼされているとは限らず，そのふるまいを対象系自身のもつ時間変化のルールに基づいて説明できることがしばしばあります．

3．カオスの特徴

次に，このカオスの特徴を調べてみましょう．まず，(5)の写像に対する先の計算例（$a=3.95$）で，y_1の値を0.300001とわずかに変えた場合を考えます．このときのy_1，y_2，y_3，…の値と先の$y_1=0.3$に対するy_1，y_2，y_3，…の値の各項ごとの差の絶対値に注目し，それらの値をz_1，z_2，z_3，…と書くと，
$z_1=1.0\times 10^{-6}$，$z_2=1.58\times 10^{-6}$，$z_3=4.11\times 10^{-6}$，$z_4=1.91\times 10^{-6}$，$z_5=7.13\times 10^{-6}$，$z_6=2.$

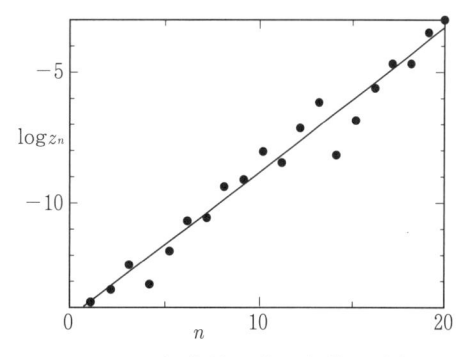

図1　初期値の差の急激な増大

$z_6=1.25\times10^{-5}$, $z_7=2.55\times10^{-5}$, $z_8=8.19\times10^{-5}$, $z_9=1.06\times10^{-4}$, …
となります.この数列のふるまいは単純ではありませんが,大まかにはnとともに増大する傾向が読みとれます.そこで横軸にnを縦軸に$\log z_n$を取り,$n=1$から20までの値を図示すると図1の点列のようになります.この点列は図中に示した直線で近似できるように思えます.よって,$\log z_n$の大まかなふるまいは

$\log z_n = \lambda n + \mu$ （$\lambda=0.559$, $\mu=-14.4$）

と書き表せるので,$z_n = pe^{\lambda n}$（ただし$p=e^\mu$）となります.このz_nはnに関する指数関数の形をしており,nが1増えるごとにe^λ（$=1.75$）倍になって急激に増大していきます.初期値のわずかな差がこの例のように指数関数的に増大することはカオスの大きな特徴で,むしろ,これをカオスの定義とする場合も多いのです.

次に,y_1の値に小さい誤差δ（>0）が含まれていて,その値が$\bar{y}_1$から$\bar{y}_1+\delta$までの区間の中のどれであるか決められないというあいまいさがあったとします.このとき$y_1=\bar{y}_1$から出発したy_nと$y_1=\bar{y}_1+\delta$から出発したy_nの値の差の絶対値を前と同様にz_nで定義します.そしてy_nがカオスでありz_nが指数関数的に増大すると仮定すると,いくらδが小さくても0でない限りは,これらの2つの初期値から出発したy_nの値の差は急激に増加し,ある値より大きいnに対するこれらのy_nは大きく離れた値を取るようになります.従って,初期値に少しでもあいまいさがあると,ある程度以上大きいnに対するy_nの値は近似的にも予測できなくなります.これがカオスの予測不可能性と呼ばれている性質です.

4.さまざまなシステムで見られるカオス

これまで,昆虫の個体数変化を決めるルールとして考えた(5)の写像が適当なaの値に対してはカオスを示すことを見てきました.実は,カオスはごく限られた場合にのみ見られる特殊なふるまいではなく,多くのシステムで見られることがわかっています.

一例として球面振り子のカオスを紹介しましょう.球面振り子というのは,ふつうの振り子のように1つの鉛直面内をおもりが動くのではなく,図2のようにどの方向にでも振れることの

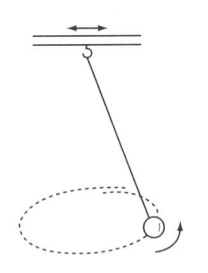

図2 球面振り子

のできるものであり,そのおもりは振り子の支点を中心とする球面上にあります.この振り子は,その振幅が小さいときには糸の長さによって決まるある周期で振動しますが,それに近い周期T_fで支点を水平方向に動かすと,振り子は支点の運動の方向に動き始めます.そして,支点の動かし方が小さくても振り子の振幅は大きくなりますが,これは共鳴と呼ばれる現象で,支点を動かすことによって振り子にエネルギーがどんどん送り込まれているわけです.とくにT_fがある範囲内の値をとる場合には,振り子は支点の運動方向と異なる方向にも動き始め,ぐるぐる回転する運動を始めます.そして適当なT_fの値では,この運動は一定周期で時計方向あるいは反時計方向に回転する規則的なものですが,別のT_fの値に対しては,おもりは時計方向の回転と反時計方向の回転を不規則に繰り返すカオスとなります.このふるまいは,球面振り子に対するモデル方程式の解としても得られますし,実験でも観測することができます.

振り子は我々にとって身近なものですが,そのような簡単なシステムにおいても上記のようにカオスが現れるわけです.また,球面振り子によく似たふるまいを示すものとして,水を入れた容器を水平方向に周期的に動かしたときにできる水面波があります.水と振り子のふるまいが類似していると言われるとちょっと驚くかもしれませんが,適当な周期で容器を動かすと確かにカオスが起こるのです.このときには,図3のように水面の一番高い部分が時計方向あるいは反時計方向に回転するのですが,その高さや回転の速さ,方向が不規則に変動します.この2つのシステムのふるまいの類似性は偶然ではなく,実は,これらのシステムに対して適当な仮定の下でモデル方程式を作ると,ほとんど同じ形の方程式が得られるのです.

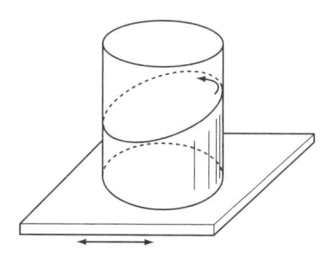

図3　水平方向に動かされる容器内の水面波

これらの例以外でも，電気回路や生体系など数多くのシステムにおいて，実験でカオスが観測されているのと同時に，それらに対するモデル方程式の解としてもカオスが得られています．これらのシステムでは，考えている量の連続的な時間変化を記述する必要があるので，最初の昆虫の例の場合と違ってモデル方程式は微分方程式の形になります．しかしその場合でも，カオスの現れ方や性質に関しては写像の場合と多くの類似点があります．その他にも工学，物理学，経済学等の分野で扱われている多くの対象系で不規則なふるまいが見られ，またそのモデル方程式がカオスを示すことが知られています．従って，さまざまな工学的なシステム，自然界のシステム，社会システムを調べていく上で，カオスについて知っておくことは重要です．

5．カオスの利用・制御

最近では，カオスの現れ方や性質を調べるだけでなく，その特徴を生かして何かの目的に使おうとするカオスの利用も多くの分野で考えられています．ここではその一例として，カオスを用いた流体の混合の話をしましょう．例えばコーヒーにクリームを入れて混ぜるのも流体の混合ですが，ここで紹介するのは，水あめのような粘りの大きい2つの流体を効率良く一様に混ぜる方法についての話です．図4(a)のように内円筒と外円筒の間にみたされている2つの流体（白と黒で表示）を，これらの円筒をある角度ずつ交互に回転することによって混合させることを考えます．

このとき，2つの円筒の1回ごとの回転角度，内円筒と外円筒の位置関係をうまく選ぶと，2つの流体のほとんどすべての部分はカオス運動をします．すなわち，流体の各微小部分は2円筒の動きに伴って不規則に動き回ります．その場合には，カオスの特徴である初期値（今の場合は流体の各微小部分の初期位置）の差の指数関数的増大に対応して，最初近くにあった流体どうしが急激に離れていきます．従って2つの流体の境界線も，2円筒の動きに伴って急激に引き延ばされていくと予想されます．一方2流体の占める領域の大きさは有限ですので，このような引き延ばしが可能であるためには，境界線は細かく折り畳まれていく必要があります．その結果，比較的短い時間で2つの流体の配置は細かい縞状になり，効率の良い混合が達成されるわけです．図4(b)は，流体のほとんどすべての部分がカオス運動を行うときの混合のようすで，外円筒を1回転，内円筒を3回転という動かし方を2周期分行っただけで，2つの流体がかなり良く混じっているのがわかります．

一方，2つの円筒の回転角度や位置関係の選び方が悪いと，流体の中にカオス運動をしない部分ができます．そのような部分では上記のような境界線の急激な引き延ばしと折り畳みが起こらないので流体の混合の効率は悪く，その結果，流体中に混じり方の極めて悪い部分が残ります．図4(c)は，図4(b)と比べて内円筒の位置が少し中央寄りのときの2周期後の混合の様子

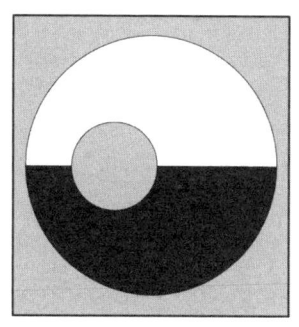

(a) 混合前　　　(b) よく混じる場合　　　(c) 混じり方の悪い場合

図4　2つの流体の混合

ですが，この場合は流体のかなりの部分がカオス運動をしないので，図4(b)より混じり方が悪くなっています．このように，2つの円筒の回転角度や位置関係をうまく選んで流体全部のカオス運動を作り出すことによって，効率が良くしかも一様な混合を達成できるわけです．また流体の混合の他にも，カオスはパターンの想起や学習，最適解の探索などに利用されています．

一方，逆にシステムがカオスを示すと困る場合もあります．例えば機械構造物，化学プラントなどのシステムがカオスのふるまいをするならば，それらは不規則な時間的変動を示し，また長時間の後でのそれらの状態を予測するのは難しくなります．このようなことは一般にあまり好ましくないので，何らかの形でシステムを変更することによりカオスをもっとおとなしいふるまい（例えば周期的な運動）に変えたい，という目的の研究が考えられます．このような分野はカオス制御と呼ばれています．例えば先に紹介した球面振り子のカオスの場合，観測されたおもりの位置や速さから決められる適当な外力がおもりに加え続けられるようにシステムを変えることによって，振り子の運動を周期的なものにすることが可能です．この際，大きな外力を与えれば振り子の運動を希望するものに変えられるのは当然ですが，うまく外力を与えるようにすると，ごく小さい外力でカオスを周期的運動に変えることができます．工学的な研究においては，考えているシステムのふるまいを明らかにするだけでなく，何らかの目標の達成度を上げるためにシステムを改良していくことも重要ですが，このカオス制御の1つの目的は「不規則さ，予測困難さをなくす」という目標をなるだけ少ないエネルギー，労力で達成するようにシステムを変えるということです．また，多数の構成要素からなる複雑なシステムがカオスを示すときに，最小限の構成要素の変更によってカオスの発生を抑える方法についても研究が進められつつあり，これも広い意味のカオス制御に含まれます．

これからのカオスに関する研究は，単に「カオスを調べる」ということにとどまらず，上記のように「カオスを利用する」，「カオスを制御する」という方向に大きく発展していくと思われます．

なお，この記事で紹介したカオスの特徴やカオスの流体混合への応用などについては，「カオス」（船越満明著，朝倉書店，2008）の本に詳しく書いていますので，興味のある読者は御一読下さい．

（ふなこし　みつあき）

④

波の伝播と非破壊評価

吉川 仁

1. はじめに

対象物の表面で計測される情報を用いて、対象物内部の情報を得る技術は非破壊評価と呼ばれ、産業や工学分野において重要な役割を果たしています。日常生活においても非破壊評価は身近な技術となっており、空港の手荷物検査や、病院でのレントゲン撮影などはX線を用いた非破壊評価です。X線以外にも、音波、弾性波、電磁波などの波動を用いた非破壊評価があります。対象物に波を入射し、対象物内部の散乱体からの散乱波、または、透過波を計測し、計測データから内部の散乱体の情報を評価します。たとえば、スイカを叩いて中身がつまっているかどうかを調べることも立派な非破壊評価で、対象物を叩いてその内部を評価する非破壊検査には、打音検査という名前がついています。

では、計測データからどのように内部を評価するのでしょう。テレビなどで、缶詰工場の製品チェックでパチンコ玉のようなものが付いた棒で缶の蓋を叩く検査員（打検士と言うそうです）の映像をテレビなどで見たことのある読者もいるでしょう。蓋を叩く事で発生する音のわずかな違いを聞き分け、不良品を見つけ出しています。しかし、熟練した打検士ならともかく、とても素人には音の違いを聞き分けることはできそうにありません。そこで、数理の力を借りて、音波や様々な波の伝播についての知見を得て、実際に行われている波動を用いた非破壊評価の仕組みを理解していきましょう。

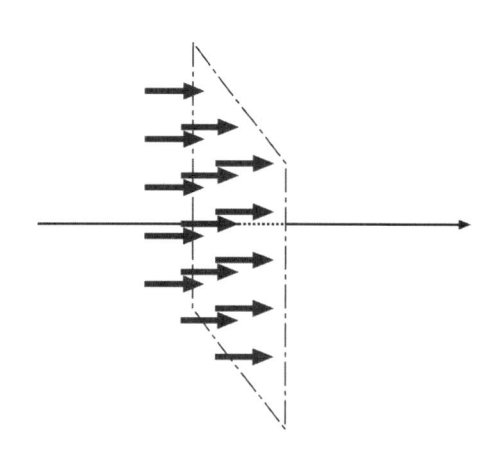

図1: 面内で一様な現象

2. 1次元の波動方程式

3次元領域において、ある一つの軸に垂直な面内で一様な現象が生じている場合、その軸方向 (1次元) の現象の変化のみを考えれば良いでしょう (図1)。1次元において材料 (正確に言えば弾性材料) 内に圧力波が伝播していく様子は、波動方程式

$$\frac{\partial^2 u}{\partial x^2}(x,t) - \frac{1}{c^2}\frac{\partial^2 u}{\partial t^2}(x,t) = 0 \qquad (1)$$

に従います。ここで、xは1次元座標、tは時間、$u(x,t)$は変位、cは波の伝播速度 (波速) です。なお、$\frac{\partial}{\partial x}$は$x$についての偏微分を表す記号です。偏微分について良くしらない読者は、$\frac{\partial u}{\partial x}(x,t)$の意味を、$x$と$t$という2つの引数を持つ関数$u(x,t)$を、$t$を定数とみなして$x$についてのみ微分するものと考えてください。

変数変換

$$\alpha = t - \frac{x}{c} \quad (2)$$

$$\beta = t + \frac{x}{c} \quad (3)$$

を行えば、波動方程式 (1) は次の形に書き換えられます。

$$\frac{\partial^2 u}{\partial \alpha \partial \beta}(\alpha, \beta) = 0 \quad (4)$$

この偏微分方程式は容易に解け、解が α のみの関数 $f(\alpha)$ と β のみの関数 $g(\beta)$ の和の形で得られます。

$$u(\alpha, \beta) = f(\alpha) + g(\beta) \quad (5)$$

つまり、

$$u(x, t) = f\left(t - \frac{x}{c}\right) + g\left(t + \frac{x}{c}\right) \quad (6)$$

となります。式 (6) を見れば、1次元の波動は x の正の方向に進む波 (進行波)$f(t - \frac{x}{c})$ と、x の負の方向に進む波 (後退波)$g(t + \frac{x}{c})$ の和で表現されることがわかります。

では、具体的な初期条件のもとでの波の挙動を求めてみましょう。初期状態 $t = 0$ で変位 $u_0(x)$ と速度 $v_0(x)$ が与えられているとします。

$$u(x, 0) = u_0(x) \quad (7)$$

$$\frac{\partial u}{\partial t}(x, 0) = v_0(x) \quad (8)$$

式 (6) で表される解の時刻 $t = 0$ での状態ですので、

$$f\left(-\frac{x}{c}\right) + g\left(\frac{x}{c}\right) = u_0(x) \quad (9)$$

$$-f\left(-\frac{x}{c}\right) + g\left(\frac{x}{c}\right) = \frac{1}{c}\int_0^x v_0(s)ds + 2C \quad (10)$$

となります。ここで、C は積分定数です。式 (9)、式 (10) より

$$f\left(-\frac{x}{c}\right) = \frac{1}{2}u_0(x) - \frac{1}{2c}\int_0^x v_0(s)ds - C \quad (11)$$

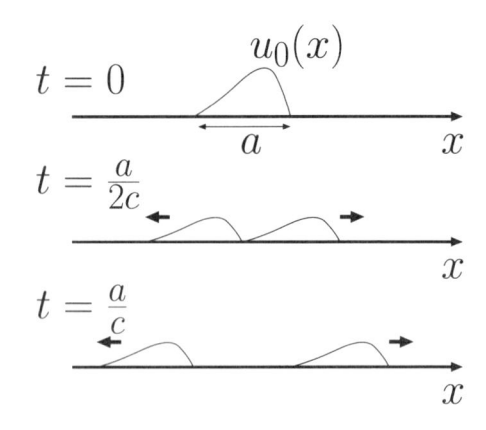

図 2: 1次元の波動伝播の様子

$$g\left(\frac{x}{c}\right) = \frac{1}{2}u_0(x) + \frac{1}{2c}\int_0^x v_0(s)ds + C \quad (12)$$

となり、解 $u(x, t)$ が次式で得られます。

$$u(x, t) = \frac{1}{2}\{u_0(x - ct) + u_0(x + ct) + \frac{1}{c}\int_{x-ct}^{x+ct} v_0(s)ds\} \quad (13)$$

この解はダランベールの解と呼ばれています [1]。

特別な場合として $v_0(x) = 0$ の場合を考えてみます。このとき、解は、

$$u(x, t) = \frac{1}{2}\{u_0(x - ct) + u_0(x + ct)\} \quad (14)$$

となります。時刻 $t = 0$ に存在していた波動 $u_0(x)$ が、時間の経過と共に x の正の方向と負の方向に、それぞれ元の波動の半分の振幅で図 2 に示した様に伝播していく様子がわかります。

3. 波動を用いて材料の大きさを知る

次に、$0 \leq x \leq L$ の領域に存在する材料内部の波の伝播を考えてみましょう。初期条件は $u_0(x) = 0$、$v_0(x) = 0$ とします。また領域の

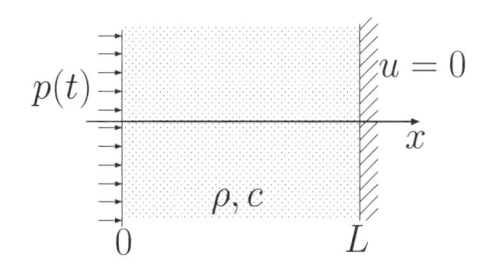

図 3: 境界条件

境界 ($x = 0, x = L$) における境界条件が次の様に与えられているとします (図3)。

$$\frac{\partial u}{\partial x}(0,t) = \frac{p(t)}{\rho c^2} \quad (15)$$

$$u(L,t) = 0 \quad (16)$$

ここで、ρ は材料の密度です。つまり、境界 $x = 0$ で境界条件 (式(15)) に相当する波を入射し、固定端 $x = L$ からの反射波の挙動を調べてみます。

時刻 $0 \leq t < \frac{L}{c}$ においては、固定端 $x = L$ からの反射の影響を考える必要はなく、x の正の方向の波

$$u(x,t) = f\left(t - \frac{x}{c}\right) \quad (17)$$

のみが存在することがわかります。また境界条件 (式(15)) より解は

$$u(x,t) = \begin{cases} 0, & 0 \leq t < \frac{x}{c} \\ \frac{1}{\rho c} \int_0^{t-\frac{x}{c}} p(s)ds, & \frac{x}{c} \leq t < \frac{L}{c} \end{cases} \quad (18)$$

と求められます。

時刻 $\frac{L}{c} \leq t < \frac{2L}{c}$ においては、固定端による反射の影響を考える必要があります。材料内部には x の正の方向に進む波と負の方向に進む波が存在します。そこで、

$$u(x,t) = f\left(t - \frac{x}{c}\right) + g\left(t + \frac{x}{c}\right) \quad (19)$$

とおけば、$x = L$ での境界条件 (式(16)) より、

$$f\left(t - \frac{L}{c}\right) = -g\left(t + \frac{L}{c}\right) \quad (20)$$

となり、f が式(18) で求められているため、反射の影響を考慮した解

$$u(x,t) = \begin{cases} \frac{1}{\rho c} \int_0^{t-\frac{x}{c}} p(s)ds, & \frac{L}{c} \leq t < \frac{2L-x}{c} \\ \frac{1}{\rho c} \left\{ \int_0^{t-\frac{x}{c}} p(s)ds - \int_0^{t+\frac{x-2L}{c}} p(s)ds \right\}, \\ \qquad \frac{2L-x}{c} \leq t < \frac{2L}{c} \end{cases} \quad (21)$$

が得られます。

さて、材料の長さ L が未知であったとしましょう。反射の影響を考慮した解は未知量 L の関数になるので $u(x,t,L)$ と書けます。また、何らかの計測により $x = 0$ での変位 $U(t)$ を知り得たとします。この計測データ $U(t)$ から材料長さ L を決定するには、例えば次の様な計測値と理論解の差からなる関数 J

$$J(L) = \int \{U(t) - u(0,t,L)\}^2 dt \quad (22)$$

を導入し、J の値が最小となるような L を求めれば良いでしょう。

4. 波動を用いて材料の物性を知る

図4の様に、$0 \leq x \leq L$ の領域に存在する材料 (材料1とします) に、異なる物性の材料 (材料2とします) が $x = L$ において接合されているとしましょう。材料2の密度は ρ_2、波速は c_2 とします。接合部に進行波 $f(t - \frac{x}{c})$ が入射している場合、接合部で波の反射、透過が行われます。時刻 $\frac{L}{c} \leq t < \frac{2L}{c}$ において、波動は材料1の領域 ($0 \leq x < L$) では、

$$u(x,t) = f\left(t - \frac{x}{c}\right) + g\left(t + \frac{x}{c}\right) \quad (23)$$

材料2の領域 ($x \geq L$) では、

$$u(x,t) = h\left(t - \frac{L}{c} - \frac{x-L}{c_2}\right) \quad (24)$$

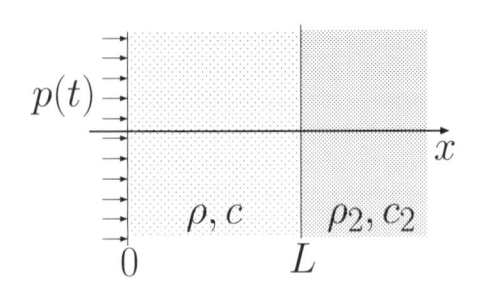

図 4: 接合部での波の反射、透過

と書けます。

また、接合部 $x=L$ での連続性により次の 2 つの境界条件

$$f\left(t-\frac{L}{c}\right)+g\left(t+\frac{L}{c}\right)=h\left(t-\frac{L}{c}\right) \quad (25)$$

$$\rho c\left\{-f'\left(t-\frac{L}{c}\right)+g'\left(t+\frac{L}{c}\right)\right\} \\ =\rho_2 c_2 h'\left(t-\frac{L}{c}\right) \quad (26)$$

が得られます。ここで、f' は関数 f の括弧内の引数での微分を表します。これらの条件より、反射波、透過波が

$$g\left(t+\frac{x}{c}\right)=\frac{\rho c+\rho_2 c_2}{\rho c-\rho_2 c_2}f\left(t+\frac{x-2L}{c}\right) \quad (27)$$

$$h\left(t-\frac{L}{c}-\frac{x-L}{c_2}\right) \\ =\frac{2\rho c}{\rho c-\rho_2 c_2}f\left(t-\frac{L}{c}-\frac{x-L}{c_2}\right) \quad (28)$$

と求められます。

式 (27) から明らかなように、接合面からの反射波 $g\left(t+\frac{x}{c}\right)$ は材料 2 の密度 ρ_2 と波速 c_2 の関数となってます。また、透過波 $h\left(t-\frac{L}{c}-\frac{x-L}{c_2}\right)$ も勿論、材料 2 の密度 ρ_2 と波速 c_2 の関数です。材料 2 の物性 (密度や波速など) が未知である場合、反射波や透過波が計測できれば、計測値と理論解 (式 (27) や式 (28)) を比較することで材料 2 の物性値を決定できます。

5. まとめ

ここまでは、1 次元の波動伝播の様子を求めてきましたが、実際の非破壊評価では、3 次元領域に伝播する波動について考えなくてはいけません。波動の伝播する領域が複雑な形状であったり、またその領域が複数の異種材料で構成されているかもしれません。このような場合、理論解を求めることが困難となるため、適当な近似を導入し問題を離散化して数値的に解を求めます。計算機の発展とともに、大規模な領域や複雑な領域における波の伝播についても数値的に復元できるようになってきています。非破壊評価という身近な技術にも、数理や計算数理の知識が使われているのです。

参考文献

[1] A. C. Eringen and E. S.Suhubi, Elastodynamics, Academic Press, 1975.

(よしかわ ひとし)

⑤ 確率論の活用法

田中　泰明

1．はじめに

確率というものの基本的な意味についてはよく知っていても，確率論が実際にいろいろな面で活用されていることを知らない人は案外多いのではないでしょうか．高校数学においては，サイコロやコインを振る問題が例題として多く使われます．このことは確率論の基本的枠組を勉強する上で決して悪いことではないのですが，そのためにかなり多くの人が確率論は実用的なものではないというふうに誤解しているように感じられます．

確率論は机の上の遊びごとではなく，様々な分野で活用されています．本稿では，実用的分野におけるいくつかの活用例を，数理工学的な視点から紹介してみたいと思います．

2．天気予報と確率

天気予報において，降水確率という数字で情報が提供されるようになってから，すでに10年以上が過ぎ，すっかり定着してきた感があります．さて，「降水確率が何％になれば傘を持っていけばよいのか？」といったことをよく耳にしますが，なぜ天気予報はそのような疑問に直接的回答を与えてくれないのでしょうか？その問いに答えるために，降水確率の合理的な活用法について述べることにします．

降水確率をPとし，実際に雨が降った場合に被ると考えられる損害をコストで表したものをLとしましょう．このとき，雨による損害コストの期待値（平均値）は$P\times L$となります．さて，雨による損害は事前に何らかの対策を施すことにより防止することが可能ですが，それには準備コストが必要です．このコストをCとすると，

$$C < P \times L \quad (1)$$

が成立するならば，コストをかけてでも事前に対策を施した方が平均的にみて得策であると判断できることになります．逆に式(1)が成立しない場合には，事前対策を施さない方がよいと考えられます．

このような考え方に基づけば，降水確率だけでは，傘を持っていくべきか否かという問いに直接答えることができないことがわかると思います．つまり，同一の降水確率に対して，人によってCやLの値が異なりますから，その対応が異なってきて当然なのです．気象庁の予報は特定の個人を対象に提供されるものではありませんから，客観的な確率という数値しか提供できないのは仕方のないことなのです．

上述の考え方は，大雨や暴風によって大規模な災害を受ける恐れのある場合や，米国の大規模農園での冷害対策などにおいて実際に活用されています．確率というものに対しては，それを信用する，しないという態度で臨むのではなく，確率という客観的な数値をいかに合理的に意思決定の判断基準に活用するかという考え方で対処することが大事なのです．

3．標本調査における確率論

テレビの視聴率の調査などのように，調査すべき対象すべてを調べずに，その中からいくつかを抽出して調査する標本調査は，様々な分野で広く用いられています．調査の対象となり得るものすべての集合を母集団と呼び，実際の調査において抽出される調査対象をサンプルと呼

んでいます．実際，視聴率調査は母集団の中からはるかに小さい数を抽出して行われているのです．

標本調査においては，たとえ同じ母集団からサンプルを抽出しても，サンプルによって調査結果が異なってくるのが普通です．これは，同じサイコロを振っても試行ごとに出る目が異なってくるのと全く同じ状況です．したがって，サイコロを振る問題に対して確率論が役立つように，標本調査においても確率論が重要な役割を演ずることになります．

標本調査においては，限られたサンプル数から母集団の特性を推定するわけですから，当然推定がはずれる可能性を考慮に入れなければなりません．この可能性を確率で表現したものを危険率と呼びます．危険率はできるだけ小さいに越したことはないのですが，あまり小さくしすぎると，サンプル数を増やさないかぎり推定の精度が低下してしまいます．したがって，標本調査を行うかぎり危険率をゼロにすることには意味がなく，許容可能な範囲で小さく設定した危険率の下で，確率論による推定処理を行うことになります．

テレビの視聴率調査などでは，母集団の要素数が（非常に大きいけれども）有限ですから，母集団すべての調査が理論上は可能であり，これにより危険率を厳密にゼロとすることができます．しかし，経済性・効率性というものが現実には要求されますから，すべてを調査することは明らかに非合理的です．このように，理論上は確率論を適用する必要がない場合でも，効率性を得るために確率論を適用して処理を行った方がよいこともあるのです．

4．製品の信頼性評価

4.1 信頼性の定義

電気機器，乗用車，建築物など工業製品のクオリティを測る上で，その製品がどれだけ便利な機能を有していて使いやすいかという点は重要な尺度となります．しかし，どんなに優れた機能を有する製品でも，頻繁に故障したのではクオリティが高いとは言えません．このような故障しにくさを測る尺度のことを信頼性と呼んでいます．実はこの信頼性を数量化するために確率論が活用されているのです．

製品の製造に関しては万全を期しているとしても，人間あるいは人間の設計した機械が製造するわけですから，不良品の発生を完全に押さえきることは難しいと言わざるを得ません．しかし，工業製品の故障は場合によっては人命に強く関わってきますから，信頼性はできるだけ客観的な観点から数量化することが必要となります．

以上のような事情から，

　　信頼度＝製品が故障しない確率

と定義し，この信頼度によって製品の信頼性を数量化するという方法が取られています．当然，信頼度が1に近いほど製品の信頼性は高いと言えるわけです．故障を前提に話を進めることに抵抗を感じる人もいるかもしれませんが，故障する可能性を考慮に入れた上で，その可能性をできるだけ小さくすることにより製品の信頼性を高める方が考え方としてはより合理的です．そのためにはどうしても確率という客観的な評価尺度が必要なのです．

4.2 信頼性の数理

時刻 $t=0$ で使用を開始した製品が，時刻 t (>0) まで故障しない確率を $R(t)$ で表し，これをその製品の信頼度関数と呼びます．製品は生命体のように自己修理能力を持ちませんから，補修や部品交換などを行わないかぎり，一度低下した信頼度は勝手に上昇することはありません．つまり，$R(t)$ は時間 t に依らずに一定か，あるいは t について減少関数となります．

時間に依存して信頼度が変化していく場合には，信頼度そのものを用いるよりも，ある時刻においてどれだけ故障しやすいかに注目した方がその特性を把握しやすくなります．時刻 t までに故障が発生しなかったという条件下で，次の時間間隔 $[t, t+\Delta t]$ に初めて故障が発生する確率を時間幅 Δt で除して極限を取った，

$$h(t)=\lim_{\Delta t \to 0}\frac{1}{\Delta t}\frac{-\{R(t+\Delta t)-R(t)\}}{R(t)} \quad (2)$$

は，時刻 t での瞬間的な故障発生率を表し，これを故障率と呼びます．故障率 $h(t)$ と信頼度関数 $R(t)$ との関係は次のようになります．

$$R(t)=R(0)\exp\left\{-\int_0^t h(t')dt'\right\} \quad (3)$$

故障率 $h(t)$ が時間 t の増加関数であるとき，信頼度関数を IFR 型，減少関数であるとき DFR 型，t に依らず一定であるとき CFR 型と呼んでいますが，実際にはこれらの型が混合した時間変動を示します．多くの工業製品では，故障率 $h(t)$ はおよそ図 1 のような振る舞いを示します．この曲線は，その形状が風呂の浴槽に類似していることから，バスタブ曲線と呼ばれています．

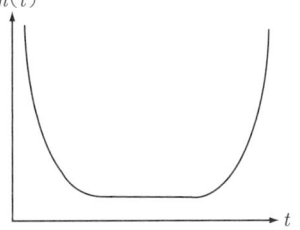

図 1 故障率 $h(t)$ の時間変化

故障率が高いところから次第に減少していく領域を初期故障領域と呼びます．これは初期の生産ラインの不安定性や，製品開発者側のデータ不足などに起因する故障で，モデルチェンジ直後の製品の購入は慎重に行った方がよいとよく言われるのは，このような理由によります．次に，故障率が減少してほぼ一定に推移する領域が現われます．これを偶発故障領域と呼びます．この領域での故障は製品の本質的な欠陥ではなく，落雷による電圧異常が引き起こす故障など偶発的なものが多数を占めます．最後に再び故障率が増加する領域を摩耗故障領域と呼びます．これは，長時間に渡る使用で製品が摩耗して故障に至ることに対応しています．

4.3 故障率と点検スケジュール

高い信頼性が要求される製品に対しては，使用中に点検を施して，適宜修理・部品交換などを行うことにより高い信頼度を維持する必要があります．点検を定期的に行うというのは実際上よく用いられる方法です．これは故障率がほぼ一定で推移する偶発故障領域では有効ですが，それ以外の領域では必ずしも有効ではありません．

初期故障領域では次第に故障率が減少していきますから，初期に点検を多く行い，その後少しずつ点検間隔を広げていった方が有利です．逆に，摩耗故障領域では点検間隔を次第に狭めていった方が有利となります．このような考察は，信頼度そのものではなく，故障率に着目することによって初めて可能となるのです．

5. システムの信頼性

複数の構成要素が相互に影響を及ぼし合いながら全体としての機能を生み出す集合体のことを，システムと呼びます．システムの信頼度，すなわちシステムが故障を起こさず正常に機能する確率は，個々の構成要素の信頼度だけでなく，システムがどのように構成されているかにも大きく依存します．以下に主なシステム構成例とその信頼度を列挙しておきましょう．

● 直列システム

n 個の構成要素 $C_1, \cdots, C_n$ のすべてが正しく機能して初めて全体のシステムが機能するも

図 2 直列システム

のを，直列システムと呼びます．図 2 は直列システムの構成を概念的に描いたものです．$C_1, \cdots, C_n$ の信頼度を $R_1, \cdots, R_n$ とし，これらの故障は互いに独立に発生するものとすれば，システム全体の信頼度 R は，
$$R = R_1 \times \cdots \times R_n \tag{4}$$
で与えられます．

● 並列システム

$C_1, \cdots, C_n$ のうち 1 つでも機能していればシステムが正常に機能する場合，並列システムあるいは冗長システムと呼びます（図 3）．この場合，システムの信頼度 R は，
$$R = 1 - (1 - R_1) \times \cdots \times (1 - R_n) \tag{5}$$
で与えられます．

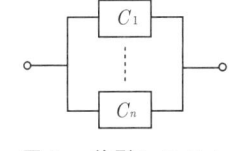

直列システムでは，構成要素の信頼度に比べてシステムの信頼度が低下するのに対して，並列システムでは逆に上昇しま

図 3 並列システム

す．例えば，$n = 3$, $R_1 = R_2 = R_3 = 0.9$ であれば，システムの信頼度は $R = 0.999$ まで上昇させることができます．

● 待機冗長システム

C_1 が正常に機能していれば C_1 を利用し，C_1 が故障した場合には C_2 に切り替え，さらに C_2 が故障した場合には C_3 に切り替えるというシステムを待機冗長システムと呼びます（図 4）．待機冗長システムでは，切り替えの際の故障な

どがなければ、システム信頼度は並列システムと同じになります。

● m/n 多数決システム

C_1, …, C_n のうち、m 個が正常に機能していればシステムが機能するとき、m/n 多数決システムと呼びます。この方式は、ソフトウェアシステムの信頼性を向上させるために広く使われるようになってきました。$R_1 = \cdots = R_n = r$ で、これらが互いに独立であれば、システム信頼度 R は次式で与えられます。

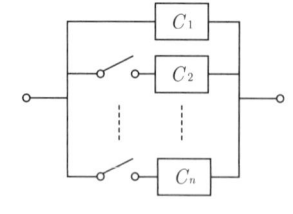

図4 待機冗長システム

$$R = \sum_{k=m}^{n} \frac{n!}{k!(n-k)!} r^k (1-r)^{n-k} \quad (6)$$

例えば、$n=3$, $m=2$, $r=0.9$ であれば、システムの信頼度は $R=0.972$ まで上昇させることができます。

以上からわかるように、できるだけシステム構成を並列化して、機能に冗長性を持たせることが信頼性の向上につながります。信頼度の導入は、システムの並列化による信頼性の向上の数量化だけでなく、要求される信頼性を得るために必要な構成要素数の決定についても有益な情報を提供してくれるのです。しかし、常に並列システムを構成することが可能とは限らない点には注意しなければなりません。

6. 時間劣化系の信頼性

機械のハードウェアの部分や構造物の構成部材などは、使用を重ねるにつれて次第に強度が低下していきます。このような特性を持つ機器やシステムを時間劣化系と呼ぶことにします。ここでは、時間劣化系の信頼度評価法の概要を紹介することにします。

$X(t)$ を時刻 t における時間劣化系の損傷量とします。$X(t)$ は時間の経過と共に次第に増加していき、ある限界値 x_c に達したところで系は破壊に至ります。系の劣化過程、つまり $X(t)$ の時間変動が確実に予測できるならば、いつ系が破壊するのか予めわかりますが、現実には様々な不規則要因により、劣化過程は乱されます。このように、$X(t)$ が時間の関数として不規則に変動するとき、$X(t)$ は確率過程と呼ばれます。

確率過程 $X(t)$ が限界値 x_c に達する時刻を初到達時刻と呼びますが、これはサンプルごとに異なる値を取る確率変数となります。その確率密度関数を $f(t)$ とすると、時刻 t までに系が壊れていない確率、つまり信頼度関数 $R(t)$ は、

$$R(t) = 1 - \int_0^t f(t')dt' = \int_t^\infty f(t')dt' \quad (7)$$

で与えられることになります（図5参照）。

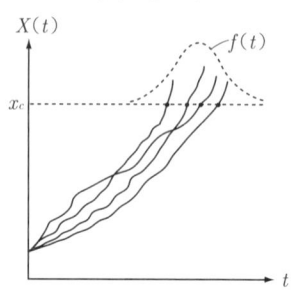

確率過程に対して、その初到達時刻の確率密度関数 $f(t)$ を求める問題を初到達問題と呼んでいますが、残念ながらこの問題に対する一般的な条件下での数学的解法は見出され

図5 劣化過程のサンプル挙動との確率分布初到達時刻

ていません。したがって、何らかの近似解法を施すか、あるいは計算機上でサンプルの挙動を模擬して数値的に解く方法、いわゆる計算機シミュレーションを適用する必要があります。最近では計算機の能力の急速な向上を反映して、計算機シミュレーションへの依存が高まってきています。

一方、劣化過程 $X(t)$ を構成するには、何らかの確率モデルを構築する必要がありますが、これには非物理的モデルと物理的モデルという2種類のモデルが考えられます。非物理的モデルとは、損傷の状態を離散的ないくつかの段階に分け、各段階間の状態推移が、ある確率法則に支配されると考えるものです。このモデルでは、マルコフ連鎖と呼ばれる離散状態確率過程の考え方が広く用いられています。これに対して物理的モデルとは、損傷量の平均的時間変化を記述する微分方程式に、その時間変化を乱す確率過程を付加することにより、確率微分方程式と呼ばれる特殊な微分方程式を作り、その解によって劣化過程を表現するものです。この方法は、損傷の時間成長に対する物理法則が定式化されている場合には極めて有効な方法と言えます。確率微分方程式については、今世紀初頭

のブラウン運動の研究に端を発する長い研究の歴史がありますが，近年工学の諸問題に適用する研究が多く行われるようになってきています．

7．リスクという考え方

信頼度による品質評価を用いる場合，「信頼度が何％になればよいのか？」ということが常に問題になります．信頼度のよいところは，対象に依らずに故障しにくさを数字で表現できるところなのですが，構成要素によって重要度が異なってくるのが普通ですから，すべての構成要素に対して同一の信頼度を要求するのは非合理的です．

上述の問いに答えるには，リスクと呼ばれる概念を導入するのが有効です．リスクの定義には様々なものがありますが，最も多く用いられるのが次のような定義です．

$$\rho = (1-R) \times L \qquad (8)$$

ここで，ρ はリスク，R は信頼度，L は故障を起こすことにより生じる損失を表します．損失 L は通常コストに換算して表現します．つまり，この定義によるリスクとは故障による損失コストの期待値ということになります．

リスクに基づく評価では，いかにリスクの値を小さくするかが重要となります．システム中の重要な構成要素，すなわち L が大きな値を取る構成要素の信頼度は，他の部品に比べて高いレベルに維持しておく必要があります．逆に，システムの構成にできるだけ冗長性を持たせて個々の構成要素の L の値を小さく抑えておけば，構成要素の信頼度はそれほど高いレベルを維持する必要はなくなるわけです．

例えば，点検を施すことによる高信頼性の維持という問題を考えてみましょう．信頼度を高レベルに維持するという点にのみ着目するならば，点検を多く行うほど信頼度の低下を防止できますから，点検回数は多いほどよいことになります．これは本当に適切と言ってよいでしょうか？

点検回数を増やすことによる故障確率の減少は，故障がもたらすリスク，つまり故障コストが減少することを意味します．一方，点検を施すこと自体にコストがかかることにも注意しなければなりません．このコストは当然点検を多く行うほど増加します．図6はこれらのコストの点検回数依存性を模式的に描いたものです．このグラフから，故障コストと点検コストの和は，あるところで最小となることが予想できます．この最小値を与える点検回数が，リスクの観点からの最適点検回数となります．

このように，2つの相反する条件の中間に最適点が存在するとき，両者の間のトレードオフが成立すると言います．最適な点検回数というものは，信頼度のみに着目したのでは導き得ません．リスクの概念を導入して点検コストと比較することにより初めて導出できるのです．

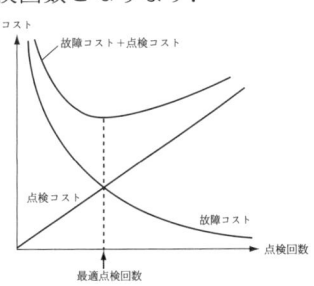

図6　故障コスト，点検コトスと最適点検回数

8．おわりに

本稿では，確率論の具体的な活用法について，数理工学的視点からのべてきました．筆者の研究テーマの関係上，信頼性評価の問題にかなり偏ってしまった感がありますが，本稿を通じて確率論がいろいろな方面で活用されていることを理解していただければと思います．また，数学的解析の詳細については極力省略してきましたが，ここで紹介してきた応用例を実際に遂行するには，かなり高度な数学手法が必要となる点は忘れないでほしいと思います．

本稿の内容について，ご意見，ご質問等ありましたら，下記アドレスまでメールをお送り下さい．

hiroaki @ acs. i. kyoto-u. ac. jp

参考文献

[1] 立平良三，保科正男，確率予報，気象研究ノート，150, pp.1-22（1984）．

[2] 牧野鉄治，野中保雄，理工系学生・技術者のための信頼性工学，日科技連（1984）．

（たなか　ひろあき）

⑥ 脳の数理モデル
― 生命が獲得した情報処理のしくみ ―

青柳　富誌生

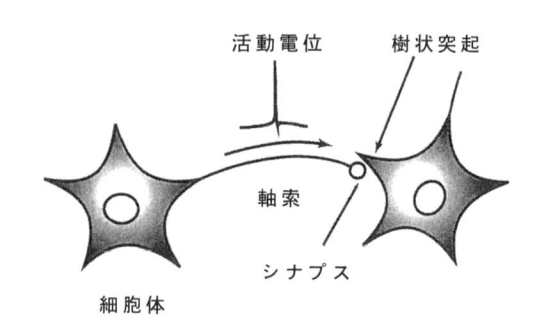

図1　神経細胞（ニューロン）の概略．樹状突起で他からのニューロンの活動電位の情報を受け取り，条件を満たせば細胞体で活動電位を発生し軸索を通じて他のニューロンへ信号を伝達する．

1．精神活動の基盤はどこか？

　この文章を読んでいるあなたは，恐らくこの表題を見て自分の過去の経験や興味から，何か面白そうだと期待を抱き「読んでみよう」と意志決定したはずである．その背後には，上に述べた過程を経て意志決定を行った後に，必要な行動を行うべく目や腕に指令を出した脳が存在する．この何気ない一連の過程は，実に難しい問題を含んでいる．それは，いざコンピュータにこれらの行動を実装しようとするといろいろなレベルで実感することになる．

　今日では人の記憶や認知などの心の機能を担っているのは脳であるとの共通認識があるが，歴史的にはこれは比較的新しい考えである．例えば，有名なエジプトのミイラは，いつか戻ってくると信じられていた魂のためにもとの肉体を保存する目的があったと言われている．ところが，心臓は大切に保存処理が行われていたが，脳は頭蓋骨を残して全て吸い出し捨てられていた．現在では信じられないことではあるが，人の死と心臓停止が最も直接関連して経験できる事象であったので，当時そう考えても無理はなかったかもしれない．近年になり頭部に意識の座があるといわれるようになっても，脳室に満たされた液体が重要であると長い間考えられており，周囲の大脳皮質は単に血液を冷やす器官と思われていた時代もある．

2．ニューロンの情報表現

　しかし，いろいろな状況証拠から脳に存在する神経細胞（ニューロン）が他の細胞と違った特性をもち，生命の情報処理に重要な役割を果たしていることがわかってきた．ニューロンはその形状から樹状突起と呼ばれる場所で他からのニューロンの刺激を受け取る（図1参考）．その入力の総和が閾値を超えると，中心の細胞体で活動電位と呼ばれるスパイク状の電位変化が生じ，軸索を伝わって他の細胞の樹状突起へ伝わっていく．樹状突起と軸索の接続部位はシナプスと呼ばれ，わずかな間隙があり，軸索終末にスパイクが到達すると神経伝達物質を放出し，樹状突起ではそれを取り込んで電位などに変化が発生する．電位を下げる方向で変化が生じれば抑制性結合，逆に上げる方向の場合は興奮性結合と呼ばれる．

　次に問題となるのは，ニューロン活動の何に情報がコードされているのかという点である．例えば感覚刺激や運動出力に関係するニューロンのデータを見ると，生成されるスパイク1つ1つの形は毎回ほぼ同じであるが，個々のスパイクの発生時刻は比較的ランダム（ポアソン的）であった．一方，ある期間に何発のスパイクが生成されたかという平均発火率は，刺激の強さなどに対して明瞭な関係が見られた．そのような事実より，平均発火率に情報がコードされているのだという考え方が次第に支配的になっていった．更に単純化して，ニューロンを2状態で表現する（発火1，非発火−1）モデルも登場し，その単純化から次節で示すように理論的解析が進み，ニューラルネットワークブームに見られるような工学的応用も発展した．

　また，このようなことが判明しつつあった時期に，ヘッブ（D.O. Hebb 1949）は神経細胞の学習に関する次のような仮説を唱えた．すなわち，

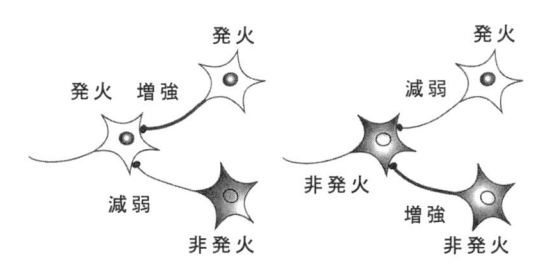

図2 ヘッブの提唱したシナプス結合の学習ルール。シナプス結合の前後のニューロンが同時に同じ状態にあれば結合が強化され、違う状態にあれば減弱される。

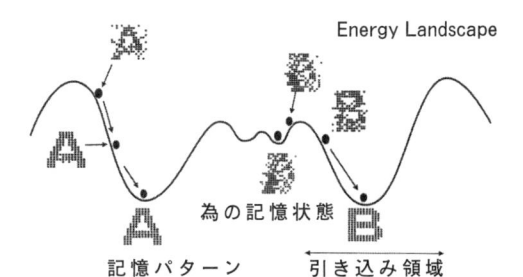

図3 ネットワークの想起過程。時間とともに必ず減少する関数があり、その谷底に記憶パターンがある。

ニューロンのシナプス結合は，その前後の細胞が同時に発火状態にあれば強化され，そうでなければ減弱されるという仮説（図2）である[注1]．これは非常に先見の明のあった仮説であり，現在でも多少の変更はあっても，記憶の基本的なメカニズムの根底にあると考えられている．この学習則の特徴は，シナプス結合の強度を決める際にその前後の細胞のみをモニターしていればよく，局所的な情報で学習が成立する点である．このような簡単な学習則で，いったい何が学習できるのか？疑問に思う読者もいると思う．ところが，この学習則を基本とした数理モデルは大変おもしろい性質を持っていることが解析により判明したのであるが，このことを次節で解説しよう．

3. 連想記憶の数理モデル

あなたが何かを思い出している状況を考えてみよう．例えば英語の文字「A」を想起しているとする．この時，それに対応した脳の神経活動が見られるはずである．一般に「A」という概念を想起しているときの脳の活動状態は理想的には一定であると考えると，神経ネットワークは「A」に対応した発火パターンを示しているはずである．実際の脳はこのような単純なものではないが，シナプス結合に情報が蓄えられている状況を説明するため，上の単純化を認めるとする．他にも概念「B」など複数の事項を記憶しているとしよう．さて，ここで文字「A」に近いが少し乱れた形状を見ても，難なく文字「A」を認識することができるのはよく経験することである．この過程を神経ネットワークのモデルで解釈すると，脳の状態が乱れた「A」の情報を初期情報として受け取り，やがて時間発展とともに記憶していたパターンの一つ「A」の発火状態に収束すると考えられる．

このようなことが可能な神経ネットワークの数理モデルとして連想記憶モデルがある．この手の話でよく行われるデモンストレーションとして，ニューロンを正方形に並べて発火状態をプロットし，その時間発展を見る例がある．最初に，記憶パターンとして文字「A」「B」などのパターンを与え，ヘッブの学習則でシナプス結合を変更してゆく．結果としてできあがったニューラルネットワークは，発火状態として初期状態を「A」に近いものにすると「A」に，「B」に近い場合は「B」に収束する．もちろん，文字「A」の概念が脳の中で実際にAというパターンで発火するわけはないし，これはある意味連想記憶のエッセンスを取り出した単純化したモデルである．しかし，このモデルはヘッブ則によりどのようにシナプス結合に情報が蓄えられるかに関して基本的な本質を捉えていると考えられている．

なぜ，このような学習則でうまく「A」や「B」が神経ネットワークの安定状態になるのであろうか？これに関しては，結合の性質から時間発展とともに必ず減少するリヤプノフ関数[注2]というものが存在することが理論的に示されている（図3）．それによれば，「A」や「B」の状態はその谷底にほぼ対応しており，最初に谷底「A」の近くに初期状態があると，その谷を下って状態「A」に落ち着き，その緩和過程を記憶の想起過程とよんでいることになる．この谷をいろいろ調べた結果，必ずしも記憶したパターンのみが谷底になっておらず，望ましくない谷底（偽の記憶状態）も存在することがわかっている．ちなみに「A」に収束する谷の範囲は引き込み領域と呼ばれており，どのくらい変質した刺激から想起が可能であるかを表す指標となる．

さて，ここまで読み進めた賢明な読者の中には，パターンは何個まで記憶可能なのか疑問が生じたかも知れない．実はこれに関しては以下の興味深い解析結果が存在する．ネットワークを構成する全ニューロン数をNとし，記憶したパターン数をPとしよう．詳しいことは省略するが，記憶できるパターン数に関しては限界があり，その限界値は$P_c = \alpha_c N$で表せること理論的にわかっている．解析におよれば想起した発火パターンも記憶パターン数が限界近くになると多少不正確になる．その様子を示したグラフが図4である．横軸はパターン数に対応する$\alpha = P/N$，縦軸は最終的に想起した発火パターンの正確さを示している．興味深いのは限界ぎりぎりでの状況である．限界直前では想起パターンの正確さは多少下がるが，それでも誤った発火状態にあるニューロンの割合は2％以下である．しかし，限界を超えた瞬間に想起されるパターンは全くでたらめになり，一つも記憶していない状況になるのである．これは実は望ましい性質かも知れない．なぜなら，想起できた以上はそのエラーは非常に少ないと考えられ，すなわち情報としても意味があるからである．30％のエラーありの記憶とは果たして意味があるかと考えてみればよい．また，この事実からあまり限界を超え詰め込みすぎると逆効果であると考え，勉強をさぼる人たちがいるかも知れない．しかし，人間の頭はそんなに単純ではない．そもそもこのモデルに含まれない使えば使うほど能力も発達する効果も実際にはあることを忘れず，この結果をさぼる言い訳にしてはいけない．

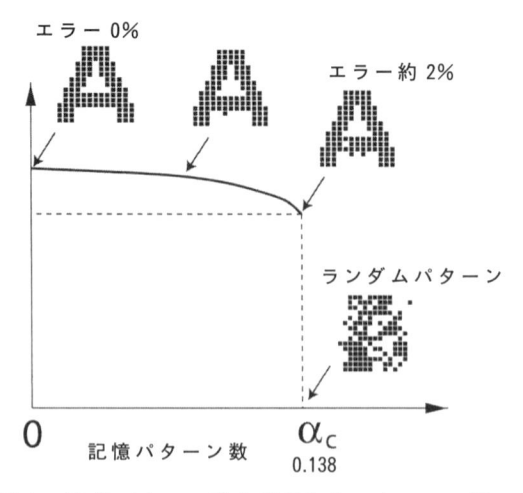

図4 記憶パターン数と想起したパターンの質の関係．ある限界容量が存在する．

4．神経生理学の新しい知見

さて，今までは神経の個々のスパイクは比較的ランダムで情報をコードするのに適さず，平均発火率に情報がコードされているとして話を進めてきた．ところが近年，特に注意や認知に関わる高次機能においてはスパイクの相関，特に同期発火が重要な役割を果たしている可能性が示されている．話を分かり易くするために実際の実験を単純化して以下に説明する．視覚刺激として「黒い三角」と「白い四角」を提示した状況を考えよう（図5の波線で囲んだ状況）．その際には，色に関しては白と黒，形に関しては四角と三角に反応するニューロン群があり，それぞれが発火すると考えられる．しかし，この様な脳内の発火パターンから，逆に今どのような刺激が提示されているか知ることは可能であろうか？実験で示された事実は，「黒」と「三角」のニューロン群の発火には一定の時間相関があり，無関係の「白」と「四角」は無相関であるという，ニューロン間の発火タイミングを情報統合に利用する方法である．こうすれば，視覚刺激全般の情報に関係するニューロン群を発火させておき，着目した物体の属性に関してスパイクを同期させることで，例えば注目する物体が移っても柔軟に切り替えることが可能になるという利点がある．大部分の注目していない刺激が意識下であり，注意を向けた情報だけが同期発火で情報統合されるというこの考え方から，大胆な仮説として，意識それ自体がこの様な機構から発現したのではないかという魅惑的な考えを唱える研究者もいる．

また他の興味深い実験としては，平均発火率ではあまり変化がみられないニューロン群が，互いに同期発火しているかどうかに関しては行動中に変化がある例が報告されている．具体的には，猿がモニターの中心にある光点を見ていると，その点を中心に8方向からランダムに選ばれた方向に別の光点が表示される．その光点が消えてしばらくした後，再び同じ方向の光点が提示されるのだが，その際にできるだけ早くそのスクリーン上の光点を手でタッチすることが要求される．成功した場合は報酬がもらえるというわけであるが，同じ方向の点が再提示されるまでの時間間隔は，複

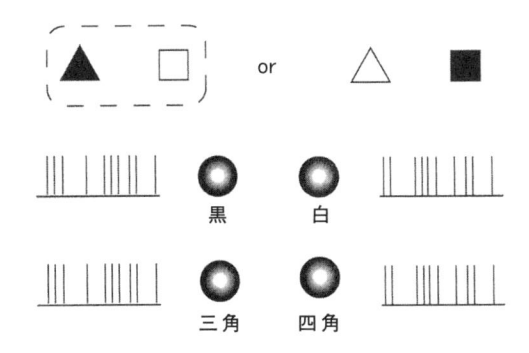

図5 同期発火による刺激の情報統合の例. 同期によりどの組み合わせが実際認知しているかがわかる.

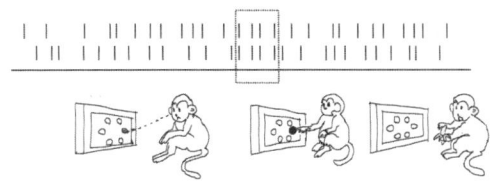

図6 同期発火と行動実験. 平均発火率では有意に変化がないニューロンも, 同期特性を調べると行動と関連性が出てくる例がある. この例ではボタン押しの課題で予想される刺激提示時刻に有意に同期発火が見られた.

数の中から試行ごとにランダムに選ばれる（0.9, 1.2, 1.5秒など）. 猿にしてみれば, 刺激が再提示される時間はおおよそ予想はつくが, どの時刻が選ばれるかは予想できない. このような課題を十分に訓練した後, 関連する大脳皮質の部位のニューロンを複数計測した. タスクを実行中に, 平均発火率ではあまり変化がみられなかったニューロンの中に, 刺激が提示されると予想される時間に有意に同期するニューロンが発見された. 興味深いのは実際には刺激が提示されなかった場合でも, そのような同期が観測されたことで, そのためこの同期スパイクはある種の期待感などを表現しているのではないかと考える研究者もいる.

しかしながら, 同期スパイクが何を意味しているのかはまだ論争中である. 特に反対派からみれば, 同期スパイクが観測された事実をたとえ認めたとしても, それが積極的な機能的役割を果たしておらず, 単なるダイナミクスの結果としての副産物にすぎないのではないかとの考えもある. 確かに, 同期スパイクで情報を統合するといっても, 我々が神経細胞の発火を見てそう解釈するのは一見わかりやすいのだが, 最終的には同期発火を処理する神経ネットワークが必要であろう. また, 期待感なるものを同期発火で表現といっても, 神経ネットワークにおける期待感とは何か？といった問題や, そもそも期待感なるものの存在する神経ネットワークにおける情報処理から見た役割など深遠で難しい疑問も生じてくる.

個人的には議論が混迷する原因は観測された同期スパイクを我々が解釈しようとすることにあると思える. そこで, 我々が解釈せずに神経ネットワーク自体に同期スパイクの機能的役割を解釈してもらおうと発想を転換してみてはどうだろうか？このような視点に立ち, 最近我々の研究室で数理モデルによる研究を進めた結果, 同期スパイクに対しておもしろい事実がわかってきた. 簡単にその結果が意味するところを述べると, 同期スパイクはどうも神経ネットワークの状態が古い状態から新しい状態へ移り変わるタイミングを指示しているようなのである. 具体的には, たとえば連想記憶モデルで一度想起したパターンはエネルギーの底にあるため, たとえ外部から次の初期状態の入力が入ってきたとしても, それ以上新しく状態は変化しない. そこで, 人工ニューラルネットワークの場合は, 一度状態を新しい初期条件にリセットするが, 現実の神経系はそのようなリセットスイッチは存在しない. また, それ自体何らかの中央管制室（計算機でいえばCPU）が必要であるが, 脳のそのような中枢も発見されていない. しかし, 同期スパイクのような入力があると, 次の想起すべきパターンへうまく状態が移行するのである. たとえば, 先ほどの実験結果も, 猿はまさに次の状態（ボタンを押す準備）に移ろうとしている時であり, 行動開始のシグナルとして同期スパイクを利用している可能性がある.

5. 最後に Brain Machine Interface

さてそろそろ紙面も尽きて来たので最後にBrain Machine Interface（BMI）についての話をしよう. もし事故などで手足と共に大脳皮質の運動野が何らかの理由で機能不全になったが, 手をこのように動かしたいとの「考え」を持つことができる場合, この考えを読みとり動くような人工的な手足があれば, 大変助かるはずである. このような「思考」を「行動」につなげるインタ

第3章　複雑な現象にせまる

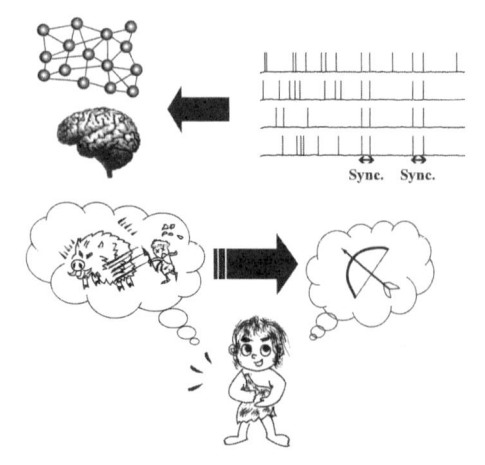

図7　同期発火シグナルは脳の状態の切り替えに関係しているかもしれない。

ーフェイスに関する研究がついに始まりつつある．まさにSFの世界を彷彿させる話であるが，すでに米国では猿が考える（実際に行動はしない）だけでロボットアームを動かす実験に成功している．BMIは社会的にもインパクトのある話題であるが，その派手さの背後には理論モデルから見ても大きな可能性を秘めている．例えば，こちらから同期スパイクなどのある特定の発火パターンとロボットアームの動きを関連付けることで，脳がどのような時空間パターンを学習可能かなどが，いままで不可能だった操作的な実験が可能になる[注3]．今後，BMIのような新しい実験パラダイムが開けるにつれて，神経ネットワークの数理モデルの重要性が増すと考えられる．最後に，このような拙い文章であっても，多少なりとも若い人たちが関連分野の研究をしようというきっかけになれば幸いである．

(注1)　実際のヘッブの提唱した学習ルールとは多少微妙な差があるが，今日ヘッブ学習則といわれると，数理モデルでは図の内容を意味することが多い．

(注2)　エネルギーとも呼ばれるが，この場合は通常の物理的な意味のエネルギーではない．

(注3)　BMIの開発に関しては，我々の研究室も理論モデルから参加させて頂いているが，その理由は脳の情報表現をこちらから操作的に探ることができる点に興味を持っているからである．

参考 http://www.fcs.acs.i.kyoto-u.ac.jp/~aoyagi

（あおやぎ　としお）

⑦ 生命，情報，そして数理

大久保　潤

1. 「モノ」と「コト」

　突然ですが，生物や生命に関する研究を何か思い浮かべてみてください．思い浮かんだのは，野山で希少生物を調査している研究者の姿でしょうか．それとも，シャーレの中のショウジョウバエを前にして白衣を着ている研究者の姿でしょうか．生命に関する研究をこのようなイメージのみで捉えると，情報や数理を扱う数理工学という研究分野は遠い場所にあるように感じられるかもしれません．生命科学は，呼吸などの生命活動を行う生物を対象にして物質などの「モノ」を扱うウェットな研究，一方で，数理工学はコンピュータや機械を対象にして電気信号などの「コト」を扱うドライな研究と言えるかもしれません．しかし，同時にこれらは非常に深く関わりあっているものでもあります．

　想像しやすい例をひとつ挙げましょう．生命にとって重要な役割を果たす遺伝子の分子配列構造は，A, T, G, C という4つの記号を用いて表現されていることは有名です．これは遺伝子を構成する分子を記号として表現することで，モノからコトへと視点を変えて，情報という観点から生命を眺めているのです．また，ポストゲノム時代と呼ばれる現在では，遺伝子解析技術や測定技術の発展によって，遺伝情報に限らず生命に関連する大量のデータを得られるようになりました．しかし，データを入手できたものの，そのような大量のデータを人間の手で解析するのは困難です．大量のデータを解析するのはコンピュータの得意とするところであり，やはりここでも情報や数理の視点が役に立ちます．近年，生命科学における大量のデータを扱うために，情報科学の分野ではバイオインフォマティクスと呼ばれるアプローチが発展しています [1].

　データを処理するという見方のほかにも，生命と情報や数理との間にはつながりがあります．生命は非常にたくさんの物質から構成されている「システム」です．このシステムが全体としてどのように動作するのかを調べる研究領域の一つがシステム生物学です [2]．そこでは制御理論と呼ばれる分野で用いられるフィードバック経路などの概念が使われます．複雑な機構をもつ生命を，数理工学で培われてきた手法で捉えようとする試みです．

　また，生命に関する研究を発端とした工学的な研究領域もあります．例えば，脳の研究から始まったニューラルネットワークや学習理論，生命進化の過程にヒントを得た遺伝的アルゴリズムなどが挙げられます．これらは現在も盛んに研究されており，数理的にも非常に深い領域へ進んでいます．

　以上のように，生命はさまざまな情報処理に関して，数理工学という視点から取り組むことのできる理論的諸問題を喚起してくれます．生命が有する適応や学習などの情報処理の能力を人工的に実現するためにはどうすればよいのか．また，生命を理解したり，実際に生命科学の研究者に役立つような手法を提供するために，数理工学からはどのようなアプローチが考えられるのか．このような諸問題に取り組むためには，学問分野を横断しながらの研究が必要となります．対象となる研究領域は広大ですので，ここでは現在進行形の研究のごく一部を紹介することで，いわゆる「領域横断的」な雰囲気を感じ取ってもらえればと思います．

2. 揺らぎを扱う数理

　生物の基本構成単位は細胞です．細胞はだいたい 10^{-6} m，つまりマイクロメートルの単位の大きさをもっています．例えば多くの方は化学の実験で試験管やフラスコを覗いた経験があると思います．そこに小さな閉じられた世界を感じた人もいるかもしれません．しかし細胞の中はもっともっと小さな世界です．近年，細胞のよ

うな小さな領域での分子の動きなどを直接観測できるようになってきたことで，試験管の中と細胞の中とでは，物質の振る舞いが大きく異なっていることが分かってきました [3]．これを数理の立場から考えてみることにしましょう．

次のような反応系を考えます．

$$X \to 2X, \quad X \to \emptyset \tag{1}$$

「反応系」と書きましたが，ある X というモノが2つに増殖するかそれとも消滅するか，というような状態の変化をもつシステムであれば同じように記述することができます．ここでは細胞の中をイメージして，X という分子を考えましょう．分子 X が2つに増殖する反応の反応速度定数を k_b，分子 X が消滅する反応の反応速度定数を k_d とします．このとき，時刻 t での分子 X の濃度を $\tilde{x}(t)$ と書くと，分子の濃度 $\tilde{x}(t)$ の時間変化は微分方程式を用いて次のように表現されます．

$$\frac{d\tilde{x}(t)}{dt} = k_b \tilde{x}(t) - k_d \tilde{x}(t) \tag{2}$$

この反応系では分子の濃度が大きくなればなるほど増殖したり消滅したりする量も増えますので，反応速度定数に $\tilde{x}(t)$ がかけられています．微分方程式 (2) の解は，$\tilde{x}(t)$ の初期値を $\tilde{x}(0) = \tilde{x}_0$ として，次のようになります．

$$\tilde{x}(t) = \tilde{x}_0 \exp\{(k_b - k_d)t\} \tag{3}$$

解の形から，$k_b < k_d$，つまり消滅する割合の方が多ければ，指数関数的に $\tilde{x}(t)$ が減少していくことがわかります．また，分子の濃度変化は，2つの定数 k_b と k_d の差にだけ依存して，それぞれの値には依らないことがわかります．以上のように，数理的な言葉を使って現象を記述することで，分子の濃度変化の振る舞いを理解しやすくなります．

このような数理的な記述は実際に分子の濃度変化を予測するために使われますが，実は微分方程式 (2) が適用できるのは試験管内での実験の場合です．本来，分子の個数は離散値として 0, 1, 2, ... のように数えられるため，個数を体積で割り算した濃度も離散的です．しかし，試験管内にはアボガドロ数，つまり 10^{23} 個程度の分子が存在します．10^{23} 個の分子に1個の分子が加わっ

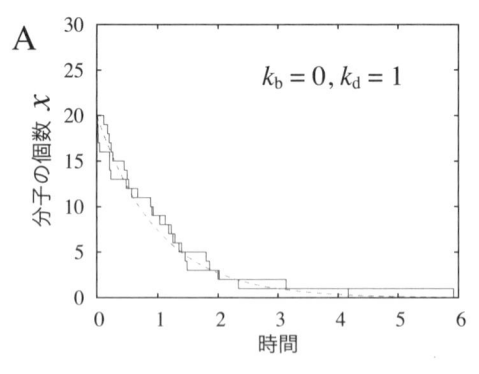

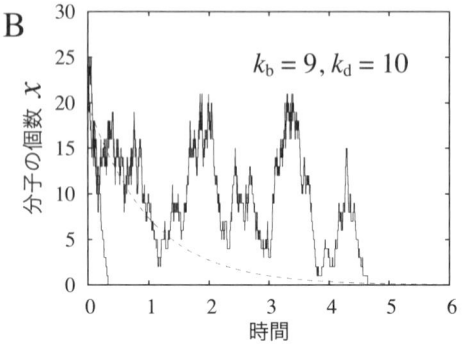

図1 分子の個数の時間発展．

てもほとんど影響はありませんので，これを連続的な変化として近似することができます．しかし，1個の分子に1個の分子が加わると，2倍になってしまいます．分子1個が追加されたときに大きな影響があるため，これを連続的な変化として見るのは粗すぎます．実は，細胞のような小さな世界では，分子の個数が1〜100個程度になり得ることが知られています．したがって，このような場合には分子の個数を連続値で近似するのではなく，離散的なものとして扱う方が適切です．

では，連続値で近似しない場合には，どのような結果になるのでしょうか．まず，分子が反応を起こす過程を計算機でシミュレーションすることにより，個数の時間変化を実際に見てみましょう [4]．コンピュータ上で乱数を発生させる，つまり「サイコロを振る」ことにより，どちらの反応が，どのような時刻に生じるのかを確率的にシミュレーションしてみます．図1に，シミュレーションした結果を示します．縦軸が分子の個数 x，横軸は時間を表しています．図1Aに $k_b = 0, k_d = 1$ の結果を，図1Bに $k_b = 9, k_d = 10$ の結果を

示しました．シミュレーションはそれぞれの場合について 2 回ずつ行い，それらの結果を実線で表しています．図中の破線は，先ほど示した微分方程式の解 (3) の濃度を個数に読みかえたものです．微分方程式の解 (3) では，2 つの定数の差 $k_b - k_d$ が重要でした．図 1 A と図 1 B はどちらも等しく $k_b - k_d = -1$ ですが，シミュレーションした結果は大きく違っています．図 1 A ($k_b = 0, k_d = 1$) の場合には，微分方程式の解 (3) とよく似た振る舞いを示しています．一方，図 1 B ($k_b = 9, k_d = 10$) の場合には，結果の揺らぎが大きくなっています．図 1 B における 2 回のシミュレーションで，一つは時刻 0.5 にも届かずに完全に消滅してしまい，もう一方は時刻 4.5 のあたりで完全に消滅します．

シミュレーションで明らかになったように，連続値である分子の濃度に対する微分方程式 (2) では記述が不十分な場合があります．そこで，離散的かつ非常に揺らぐシステムを記述するために，次のような方程式系を考えます．

$$\frac{dP_x(t)}{dt} = k_b(x-1)P_{x-1}(t) - k_b x P_x(t) \\ + k_d(x+1)P_{x+1}(t) - k_d x P_x(t) \quad (4)$$

$P_x(t)$ は時刻 t において分子の個数が x である確率です（なお，$P_{-1}(t) = 0$ としておきます）．この確率 $P_x(t)$ の時間発展を記述するのが式 (4) であり，これを計算することで揺らぎなどの情報も知ることができます．例えば，$k_b - k_d$ が同じでもなぜ揺らぎ方が違うのかを調べることもできます．濃度を記述する微分方程式 (2) の代わりに，分子の個数の「確率」を記述する微分方程式系 (4) を使う，というのがポイントです．

方程式系 (4) は離散変数 x と連続変数 t を持っています．このような離散と連続が混ざり合った方程式系をどのように解けばよいのでしょうか．さらに，離散変数 x は 0 から無限大までの値を取り得ます．そのような無限個の連立微分方程式をどのようにして扱えばよいのでしょうか．

このような方程式系を扱う方法として，母関数の方法が知られています．母関数とは，次のように定義される関数です．

$$G(z, t) = \sum_{x=0}^{\infty} z^x P_x(t) \quad (5)$$

確率 $P_x(t)$ を元にして「連続な」変数 z を導入することで，母関数 $G(z, t)$ は 2 つの連続変数 z, t で記述されます．先ほどの方程式系 (4) は確率 $P_x(t)$ の時間発展を記述していますが，この方程式系を元にして，母関数 $G(z, t)$ に対する 1 つの偏微分方程式をたてることができます．詳細は省略しますが，もし母関数 $G(z, t)$ に対する偏微分方程式を解くことができれば，母関数 $G(z, t)$ から分子の個数 x に対するさまざまな情報を得ることができます．例えば，母関数の定義式 (5) を利用して，分子の個数 x の期待値 $\mathbf{E}[x]$ を次のように計算することができます．

$$\mathbf{E}[X] \equiv \sum_{x=0}^{\infty} x P_x(t) = \left.\frac{\partial G(z,t)}{\partial z}\right|_{z=1} \quad (6)$$

この他にも，母関数から分散などの揺らぎの情報や分布そのものを計算することもできます．

以上のように，母関数の方法を使って離散変数を連続変数に置き換えることで，解析が簡単になりそうです．しかし実際には，母関数がしたがう偏微分方程式が複雑になってくると，厳密に解くことは困難になります．その場合にはさまざまな方法を用いて近似解を計算することになります．ここでは詳しく紹介することはできませんが，近似の方法について研究する際，生成・消滅演算子と呼ばれる量子力学の研究でも用いられる手法を利用することもあります．「量子」という言葉とは全く関係のない研究対象ですが，数理的な構造に着目することでさまざまな類似点が見出されて，量子力学の研究で用いられている近似手法を利用できるわけです．このように他の研究分野とのつながりを利用できるというのも，数理に着目することの利点であり面白い点だと言えます．

また，数理工学という立場から生命の研究に対するアプローチを考えた場合，パラメータ推定という問題も重要です．微分方程式 (2) の議論では，システムを特徴づける量は 2 つの定数の差 $k_b - k_d$ でした．一方，小さな世界での揺らぎ方まで注目する場合には，2 つの定数それぞれの値 k_b, k_d に注目する必要があります．図 1 を見ればわかるように，実験的に分子数の時系列を観測した場合には非常に揺らいだ結果が得られます．ではこの揺らぐ軌跡から，逆に 2 つの定数 k_b と

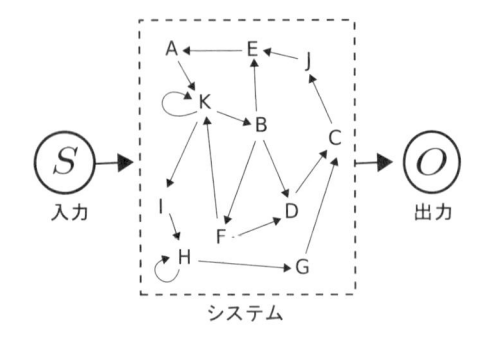

図2 入出力システム.

k_d を推定できるでしょうか．この種のパラメータ推定問題に対しては，現在も活発に研究が進められています．

3. 相互情報量と生命

次に，生命を「情報処理システム」と捉えてみましょう [5]．分子や光など，何かのシグナルが生命に届くと，生命はそれを処理して応答します．つまり，生命の一面を，図2が示すような入力と出力をもつシステムとして捉えることができます．ところで，これまでの議論で見たように，細胞のような小さな世界では非常に大きな揺らぎが存在します．また，そもそも入力にあたる環境にもさまざまな揺らぎがあります．つまり，入力，出力ともにいろいろな値を取り得るのであり，それぞれ確率分布として記述するのが適切です．このようなシステムでは，次に紹介する相互情報量というものが重要な役割を果たします．

入力と出力をそれぞれ分子 S と分子 O が担うと考えれば，いずれの個数とも 0 から無限大までの離散値をとります．入力の分子の個数が s である確率を $p(s)$，出力の分子の個数が o である確率を $p(o)$ としましょう．また，入力の分子の個数が s でありさらに出力の分子の個数が o である結合確率を $p(s,o)$ とします．このとき，相互情報量 $I(S,O)$ は次のように定義されます．

$$I(S,O) = \sum_{s=0}^{\infty} \sum_{o=0}^{\infty} p(s,o) \log \frac{p(s,o)}{p(s)p(o)} \quad (7)$$

相互情報量は，入力を知ることによって出力の不確定性がどの程度減るかを表します．出力が色々な値を取り得るときは不確定性が大きいと言えます．もし入力を知ることで出力の不確定性が減れば，システムは入力に対して適切な出力をしたことになり，その入力は出力に関する情報を含んでいたと言えます．したがって，入力に応じて適切な応答をするという立場から考えると，システムの相互情報量が大きいことは望ましいことです．例えば極端な例として入力と出力が独立である場合，結合確率は $p(s,o) = p(s)p(o)$ と分解できるので，相互情報量はゼロになります．つまり，入力を知ったとしても出力に関する情報は得られないということになり，「情報処理システム」としては役に立たないことがわかります．

情報通信の問題では，相互情報量は通信路容量などと関係していて重要な役割を果たします．では生命という文脈においては，相互情報量はどのような役割を果たすのでしょうか．これについては研究途上であり，まだはっきりとはわかっていません．生命が相互情報量を大きくするようなシステムを構築しているかどうかもわからないからです．また，システムを構成する要素が非常に多くなると，相互情報量を計算することそのものが困難になってきます．しかし，前者については，「生命は相互情報量を大きくするように進化したはずである」という仮定に基づいて，システム内の未知のパラメータを推定するといった研究も進められています．後者のような複雑なシステムの問題に対しても，大規模確率システムや統計物理学といった視点から問題を眺めることで，数理的に見通しよく研究を行うことができたりもします．

4. 数理する心で領域横断的に

生命は「モノ」を，情報や数理は「コト」を扱う印象があるかもしれません．しかし，どちらの研究も数理的な記述をしてしまえば違いがなくなったりもします [6]．研究で行き詰まったときに全く関係なさそうな他の分野の文献を調べると，自分の研究で使えそうな数学的手法が発達していることは少なくありません．また，数理工学では必然的に数学を使うことが多くありますが，数学で発展している研究をそのまま使えばよいとは限りません．数理工学は数学のただのユーザーではなく，現実の問題と関連しながら，新しい数理を模索したりもします．この点も数理工

学の魅力のひとつです．

　近年，数理を軸にしてさまざまな研究分野が関連していくことで，新しい研究が展開されている分野がたくさんあります．本稿ではそのごく一部，しかもその導入部分しか紹介できませんでしたが，「数理する心」を軸にしながら領域横断的にさまざまな問題に取り組むことができそうだと感じていただければ幸いです．

参考文献

[1] キーワードに興味を持たれた方のために，参考となる書籍を紹介しておきます．バイオインフォマティクスについては，例えば **阿久津達也，バイオインフォマティクスの数理とアルゴリズム（アルゴリズム・サイエンス・シリーズ12），共立出版，2007** を参照してください．

[2] システム生物学については，**近藤滋，北野宏明，金子邦彦，黒田真也，システムバイオロジー（現代生物科学入門8），岩波書店，2010** にさまざまな観点から記されています．

[3] 1分子レベルでの観測と数理との関係が，**合原一幸，岡田康志編，〈1分子〉生物学，岩波書店，2004** で紹介されています．

[4] 分子が衝突して反応を起こす時間間隔が指数分布にしたがうとすれば，反応の過程はポアソン過程と呼ばれる確率過程で記述されます．ポアソン過程は確率過程の基本的な書籍に書かれています．例えば **尾崎俊治，確率モデル入門，朝倉書店，1996** を参照してください．

[5] 本文で紹介する内容と直接関係するわけではありませんが，「情報を処理するシステムとしての生命」について面白い視点を提供してくれる本として，**西垣通，こころの情報学（ちくま新書204），筑摩書房，1999** を挙げておきます．このような数理から離れた観点から書籍なども，視野を広げるために役立つかもしれません．

[6] 岩波書店から刊行されている雑誌『科学』2007年4月号に，**「情報原理としての生命」**（甘利俊一）という短い記事があります．この記事は，情報や数理から生命を眺める際の重要な論点を指摘しています．

　　　　　　　　　　　（おおくぼ　じゅん）

第 4 章

数理構造を解明する

①

猫だからする幾何学

岩井　敏洋

1. はじめに

　本稿のタイトルは，工学においても微分幾何学的思考法が有効であることを例をもって示すという意図をもっている．いま流行の非ホロノーム制御では，特に宇宙ロボットの姿勢制御の根本において幾何学的思考法が有効にはたらく．つまり，宇宙ロボットを剛体系とみて，全角運動量零のもとで姿勢変更を考えるときに微分幾何学が有効な概念を提供する．全角運動量が零という拘束条件は，力学的にも基本的なもので，地上に固定された本体をもつロボットでは問題にならないが，固定されようのない宇宙ロボットでは無視できない問題である．全角運動量零という拘束条件は非ホロノーム拘束条件の一種であるが，非ホロノームという概念を明確にとらえるには微分形式という概念を用いるのが有効である．さらに，接続，平行移動という概念が揃えば，全角運動量零の拘束条件のもとで猫（宇宙ロボット）の宙返りが実現することが厳密に証明できる．したがって，猫のする幾何学とは，上述の概念を包括する微分幾何学の一分野である接続の幾何学を指している．猫は太古の昔から接続の幾何学を実践していたにもかかわらず，人間がそのことを発見したのは最近のことである．ここで定義せずに使った幾何学的術語は読み飛ばして頂いて結構である．猫は全然そのような術語を知らないのだから．

2. 平面多体系

　ここでロボットのことを論じるつもりはないが，幾何学的な考察の有効性をできるだけ簡単な例で解説したい．猫そのものは数学的取扱いが困難であるので，簡単に平面 $\boldsymbol{R}^2$ 上の n 個の質点からなる系を考える．猫が質点系に分解してしまったのである．あるいは，猫のことを忘れて，これを分子だと考えてもよい．

　各質点の位置ベクトルを $\boldsymbol{x}_j,\ j=1, 2, \cdots, n$ とし，質量（正の実数）を $m_j,\ j=1, 2, \cdots, n$ とする．この質点系の配位は n 個のベクトルの組 $\boldsymbol{x}=(\boldsymbol{x}_1, \boldsymbol{x}_2, \cdots, \boldsymbol{x}_n)$ で表される．配位の全体を配位空間と呼んで

$$X = \{x\ ;\ x=(\boldsymbol{x}_1, \boldsymbol{x}_2, \cdots, \boldsymbol{x}_n),\ \boldsymbol{x}_j \in \boldsymbol{R}^2\}$$

で表す．ベクトルの組というのはちょっと馴染みがないかもしれないが，次のように考えるとよい．各 $\boldsymbol{x}_j$ を縦ベクトルとすると，配位 x は n 個の縦ベクトルからなる $2 \times n$ 行列とみなされ，そのような行列全体のなす集合が X である．

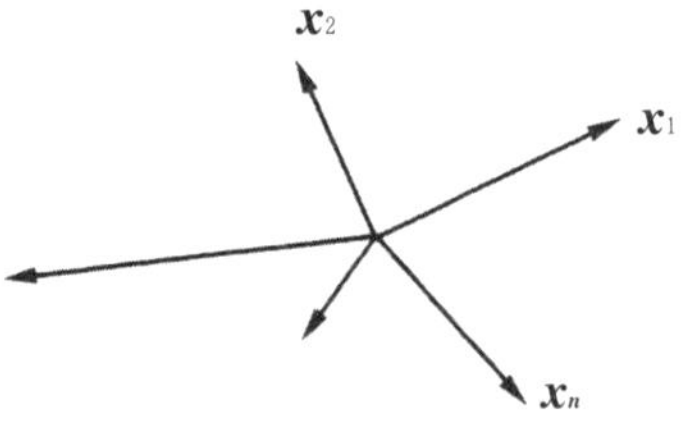

図 1

　X は $2n$ 次元の線形空間をなす．実際，X が線形空間（ベクトル空間）の公理をみたすことを，線形代数の教科書を引っ張り出していちいち検証されたい．もちろん，和やスカラー倍は各成分ごとに行う．また，$\boldsymbol{R}^2$ の標準的な基底ベクトルを

$$\boldsymbol{e}_1 = \begin{pmatrix} 1 \\ 0 \end{pmatrix},\ \boldsymbol{e}_2 = \begin{pmatrix} 0 \\ 1 \end{pmatrix},$$

とするとき，X の基底は，例えば，

$$(\boldsymbol{e}_1, 0, \cdots, 0), (\boldsymbol{e}_2, 0, \cdots, 0), \cdots, (0, \cdots, \boldsymbol{e}_2)$$

で与えられる．初心者にとって，4次元以上の

ベクトル空間は想像しにくいものだが，我々の例では一気に多次元のベクトル空間が現出する．

X には内積が
$$K(x, y) = \sum_{j=1}^{n} m_j(\mathbf{x}_j | \mathbf{y}_j), \quad x, y \in X$$
で定義される．ただし，$(\ |\ )$ は $\mathbf{R}^2$ における普通の内積を表す．すなわち，$\mathbf{x} = \sum x^i \mathbf{e}_i$, $\mathbf{y} = \sum y^i \mathbf{e}_i$ とするとき，$(\mathbf{x}|\mathbf{y}) = \sum x^i y^i$ である．単なる対 $(\ ,\ )$ と区別するために内積の記号として $(\ |\ )$ を用いた．また，下付きの添え字はベクトル自身の区別のために用いたので，ベクトルの成分を示す添え字は上付きとした．

また，重心系は X の線形部分空間として
$$X_0 = \{x \in X\ ;\ \sum_{j=1}^{n} m_j \mathbf{x}_j = 0\}$$
で定義される．X に内積が定義されていたのだから，その線形部分空間である X_0 にも当然同様の内積が定義される．さて，上述の X の基底は X_0 には属さないので，X_0 の基底を見つけ出さねばならない．たとえば，$(-m_2 \mathbf{e}_1, m_1 \mathbf{e}_1, 0, \cdots, 0)$ は X_0 のベクトルである．このようなベクトルを種にして，Schmidt の直交化法で X_0 の正規直交系を求めることができる．その結果，以下の正規直交基底 f_l, $l = 1, 2, \cdots, 2(n-1)$ が得られる．

$$f_{2j-1} = N_j(\overbrace{-m_{j+1} \mathbf{e}_1, \cdots, -m_{j+1} \mathbf{e}_1}^{j\ \text{terms}}, (\sum_{k=1}^{j} m_k) \mathbf{e}_1, 0, \cdots, 0),$$

$$f_{2j} = N_j(\overbrace{-m_{j+1} \mathbf{e}_2, \cdots, -m_{j+1} \mathbf{e}_2}^{j\ \text{terms}}, (\sum_{k=1}^{j} m_k) \mathbf{e}_2, 0, \cdots, 0).$$

ただし，
$$N_j = \left(m_{j+1} \left(\sum_{k=1}^{j} m_k \right) \left(\sum_{k=1}^{j+1} m_k \right) \right)^{-1/2}$$
$$(j = 1, 2, \cdots, n-1).$$

これらの f_l が実際に
$$K(f_k, f_l) = \delta_{kl} = \begin{cases} 1 & (k = l) \\ 0 & (k \neq l) \end{cases}$$

をみたすことは定義にしたがって丹念に計算すれば検証できる．ここで，任意の $x \in X_0$ に対して，
$$q^k = K(x, f_k), \quad k = 1, 2, \cdots, 2(n-1)$$
とおけば，(q^k) は X_0 のデカルト座標系とみなすことができ，X_0 はベクトル空間として $\mathbf{R}^{2(n-1)}$ と同型になる．実は，(q^k) には単なるデカルト座標系という以上に特別な意味がある．実際に
$$q^1 \mathbf{e}_1 + q^2 \mathbf{e}_2 = \sqrt{\frac{m_1 m_2}{m_1 + m_2}} (\mathbf{x}_2 - \mathbf{x}_1)$$
$$q^3 \mathbf{e}_1 + q^4 \mathbf{e}_2$$
$$= \sqrt{\frac{m_3(m_1 + m_2)}{m_1 + m_2 + m_3}} \left(\mathbf{x}^3 - \frac{m_1 \mathbf{x}_1 + m_2 \mathbf{x}_2}{m_1 + m_2} \right)$$
等が成り立つ．一般に，$q^{2j-1} \mathbf{e}_1 + q^{2j} \mathbf{e}_2$ は j 個の粒子 $\mathbf{x}_k$, $k = 1, \cdots, j$ の重心から $j+1$ 個目の粒子 $\mathbf{x}_{j+1}$ へ伸ばした位置ベクトルのスカラー倍になっている．多体系の理論においてこのようなベクトルは Jacobi ベクトルの名で知られている．

平面上に 3 点があるとすると，一般的には 3 角形が決まる．平行移動や，回転，鏡映で互いに重なりあう 2 つの 3 角形は合同であるといわれる．我々の問題に即して，3 体系を重心系で考える．つまり，平行移動を除外しておく．さらに，鏡映のことは忘れて，重心回りの回転だけを取り扱う．このとき，回転で互いに移りあう配位は互いに同値（合同）であるという定義が可能である．3 体系を 3 原子分子だと思うと，この定義は，分子は平面上でどのような配置をとろうと互いに回転で重なれば同じ状態をもつと言っている．このとき，3 角形の合同条件は，分子の結合角，結合手の長さに言及している．

重心系 X_0 への $SO(2)$ の作用をきちんと定義しておく．
$$x = (\mathbf{x}_1, \mathbf{x}_2, \cdots, \mathbf{x}_n)$$
$$\mapsto gx = (g\mathbf{x}_1, g\mathbf{x}_2, \cdots, g\mathbf{x}_n),$$
$$x \in X_0, g \in SO(2)$$
ただし，

$$g = g(t) = \begin{pmatrix} \cos t & -\sin t \\ \sin t & \cos t \end{pmatrix}$$

$SO(2)$ が確かに X_0 に作用していることは $\sum m_k \boldsymbol{x}_k = 0$ なら $\sum m_k g\boldsymbol{x}_k = 0$ の成り立つことから明らかである．$SO(2)$ の作用は重心系に同値関係を定義する．つまり，ある $x, y \in X_0$ に対して，適当な $g \in SO(2)$ が存在して $y = gx$ となるとき，x と y は同値であるといい，$x \sim y$ と表す．このとき，明らかに，(i) $x \sim x$，(ii) $x \sim y \Rightarrow y \sim x$，(iii) $x \sim y$, $y \sim z \Rightarrow x \sim z$ が成り立つ．$x \in X_0$ と同値な元の全体を x の同値類といい $[x]$ で表すと，定義から $x \sim y$ なら $[x] = [y]$，また，$x \not\sim y$ なら $[x] \cap [y] = \emptyset$ であり，X_0 は互いに素な同値類の合併集合として表される．同値類の全体を $X_0/SO(2)$ で表す．$[x]$ は x に"合同"な図形の集合である．ただし，鏡映は除いているので，裏返しの図形は同値でないとみなしている．もし，$O(2)$ の作用を考えるなら，そのときの同値類 $[x] \in X_0/O(2)$ は普通の意味で合同な図形の集合となる．鏡映で移り合う配位も分子としてなら区別できるので，ここでは $SO(2)$ の作用で同値関係を定義した．しかし，すべての質点が $\boldsymbol{R}^2$ の原点に集まっているような配位は除外しておくのが便利なので，今後 $\dot{X}_0$ で X_0 からその原点を除いた集合 $X_0 - \{0\}$ を表すことにし，専ら $\dot{X}_0$ を取り扱う．同値類の全体 $\dot{X}_0/SO(2)$ は，したがって，n 点の配位が作る形の全体からなる空間である．これを形状空間と呼ぶことにする．$x \mapsto [x]$ を自然射影といい π で表す．

本節の最後に $SO(2)$ の X_0 への作用の行列表示を求めておく．各 $g \in SO(2)$ は X_0 上の線形写像を定めているから行列で表示できる．さきに導入した正規直交系に関して，

$$gf_l = \sum_{k=1}^{2(n-1)} a_{kl} f_k, \quad l = 1, 2, \cdots, 2(n-1)$$

とおいて，係数 a_{kl} を計算すればよい．具体的には，$a_{kl} = K(f_k, gf_l)$ であるから，内積 K と基底 f_k の定義とを用いて $K(f_k, gf_l)$ を計算すれば，結果として $2(n-1)$ 次正方ブロック対角行列を得る．各ブロックごとには

$$\begin{pmatrix} q^{2j-1} \\ q^{2j} \end{pmatrix} \longmapsto \begin{pmatrix} \cos t & -\sin t \\ \sin t & \cos t \end{pmatrix} \begin{pmatrix} q^{2j-1} \\ q^{2j} \end{pmatrix}$$

という線形変換が得られる．

3．回転と振動

回転ベクトルと振動ベクトルとを厳密に定義して，その後，振動が回転を引き起こすことを証明する．一言でいえば，これが猫の宙返りの極意である．もちろん，これは数学的解釈であって本当の猫がこうしているという訳ではないが，猫は空中では全角運動量零の状態に拘束され，振動運動だけが許される．このとき，全角運動量零の運動（すなわち振動）が結果として回転を引き起こすというのは驚くべきことである．

まず，回転ベクトルを回転作用の無限小変換（"速度ベクトル"または接ベクトル）として定義する．X_0 のデカルト座標 $(q^1, q^2, \cdots, q^{2(n-1)})$ に関して回転作用の表示は以前に求めておいたから，各ブロックごとに

$$\frac{d}{dt} \begin{pmatrix} \cos t & -\sin t \\ \sin t & \cos t \end{pmatrix} \begin{pmatrix} q^{2j-1} \\ q^{2j} \end{pmatrix} \bigg|_{t=0} = \begin{pmatrix} -q^{2j} \\ q^{2j-1} \end{pmatrix},$$
$$j = 1, 2, \cdots, n-1$$

を計算して，次のように回転ベクトルが見出される．

$$F = \sum_{j=1}^{n-1} (-q^{2j} f_{2j-1} + q^{2j-1} f_{2j})$$

振動ベクトルは回転ベクトルに直交する"速度ベクトル"（接ベクトル）と定義される．ただし，直交性は，各点での接ベクトルに自然に定義される内積による．すなわち，デカルト座標 (q^l) に関する，接ベクトル u, v の成分をそれぞれ $u = \Sigma U^l f_l$ と $v = \Sigma V^l f_l$ とすると，それらの内積は

$$K_q(u, v) = \sum_{l=1}^{2(n-1)} U^l V^l$$

で与えられる．ここに，下付き添え字の q はこの内積を点 $q = (q^l)$ における接ベクトル

に適用していることを明示している．したがって，点qでの接ベクトルuが振動ベクトルであるための必要十分条件は明らかに

$$K_q(u,F)=\sum_{j=1}^{n-1}(-U^{2j-1}q^{2j}+U^{2j}q^{2j-1})=0$$

で与えられる．さらに，X_0の曲線$x(t)=\Sigma q^l(t)f_l$が振動曲線であるとは，その接ベクトル$\dot{x}(t)$が振動ベクトルであることと定義する．すると，そのための必要十分条件は

$$\sum_{j=1}^{n-1}\left(-\frac{d}{dt}\frac{q^{2j-1}}{}q^{2j}+\frac{d}{dt}\frac{q^{2j}}{}q^{2j-1}\right)=0$$

で与えられる．明らかに，全角運動量が零という条件である．

さて，形状空間内に閉曲線$C:\xi=\xi(t)$，$0\leq t\leq L$を考える．$\xi(0)$に対して，重心系の点$x_0\in X_0$を$\pi(x_0)=\xi(0)$であるように取って，$x_0=x(0)$を通る振動曲線$C^*:x=x(t)$，$0\leq t\leq L$で，$\pi(x(t))=\xi(t)$をみたすものを構成することができる．（理論的には，微分方程式の解の存在定理によりC^*の存在が保証される．）Cは仮定により閉曲線（$\xi(0)=\xi(L)$）であるが，C^*は必ずしも閉曲線であるとは限らず，一般には$x(0)\neq x(L)$である．しかし，$\pi(x(0))=\xi(0)=\xi(L)=\pi(x(L))$であるから，適当な$g\in SO(2)$が存在して

$$x(L)=gx(0),\ g\in SO(2)$$

が成り立つ．つまり，分子は振動運動$x(t)$をして，結果としてある回転$g\in SO(2)$を成し遂げたことになる．

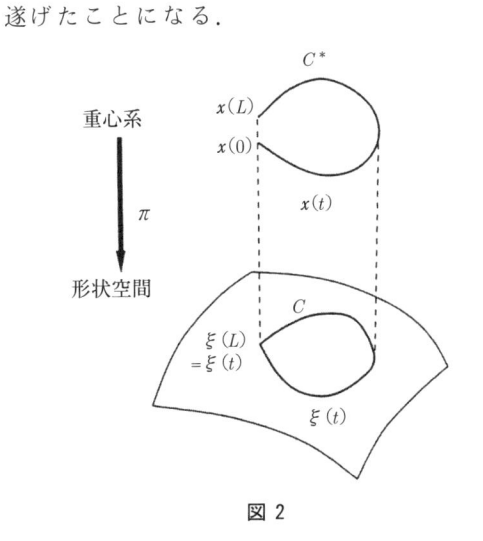

ここでは，3体系に限って回転角を計算してみる．表記を簡単にするために複素数を用いて，形状空間$X_0\cong\mathbf{R}^4$の座標系(θ,r,u,v)を

$$q^1+iq^2=r\rho e^{i\theta}(u+iv),\ q^3+iq^4=r\rho e^{i\theta},$$
$$\rho^{-2}=1+u^2+v^2$$

で導入する．$SO(2)$の重心系への作用で，$\theta\mapsto\theta+t$の変換が誘導されるから，θは分子の姿勢を表す座標で，(r,u,v)は分子の形を決める座標である．このとき，振動曲線の条件は

$$\frac{d\theta}{dt}+\frac{u\dfrac{dv}{dt}-v\dfrac{du}{dt}}{1+u^2+v^2}=0$$

で表される．それ故，振動運動C^*を終えて元の形に戻ったときの姿勢の回転角は

$$\theta(L)-\theta(0)=-\int_0^L\frac{u\dfrac{dv}{dt}-v\dfrac{du}{dt}}{1+u^2+v^2}dt$$

で与えられる．この式の右辺はCに沿っての積分である．たとえば，Cとして$u=a\cos t$，$v=a\sin t$（$a>0$）を選べば，回転角は

$$\theta(2\pi)-\theta(0)=-\frac{2\pi a^2}{1+a^2}$$

となる．Cの向きを逆にすれば，逆符号の結果が得られる．Cの向きとaの値を適当に選べば，$-\pi$からπまでの任意の回転角を生み出すことができる．つまり，結果として振動が回転を生み出した．n体系でも同様の結論が得られる．

質点系では猫やロボットにほど遠いので，2つの軸対称な円柱を対称軸で結合したものを考えて，これに宙返りをさせることもできる．最新の研究は，「数理の玉手箱」（遊星社，2010年）の中の「宙返りの奥義－幾何，力学，制御」に掲載されている．また，動画は筆者のホームページでみることができる．

http://yang.amp.i.kyoto-u.ac.jp/~iwai/index.html

（いわい　としひろ）

図 2

② ソリトン
― 数理物理と計算機をつなぐ新しい波 ―

辻本 諭

1. 可積分系からの視点

自然科学の分野において，われわれは，さまざまな興味深い事象を通し，多くのことを学んできた．20世紀には，相対性理論や量子力学をはじめとして，カオス，複雑系，フラクタル，ソリトンなどの新しい理論や概念が，具体例を通して作り出されてきた．特に，ソリトン[1]とよばれる「安定な孤立波」は，非線形でありながら「解ける」というカラクリが明らかになるにつれ，その重要性が認識されていった．20世紀後半の数理物理の研究において，まさに，ソリトンは，いくつもの独創的な理論を生み出す源であった．さらに，ソリトン系を追求することにより得られた結果は，さまざまな視点で捉えなおされることにより，総合的・学際的手法として，ソリトン以外の理論や技術への応用が可能となってきた[3]．本稿では，特にソリトン理論がつなぐ数理物理と計算工学の関連性について解説していきたい．

ソリトンは，もともと，非線形偏微分方程式の一つである KdV 方程式

$$u_t + 6uu_x + u_{xxx} = 0 \tag{1}$$

で発見された波動現象であり，安定に伝搬する孤立波を表す．ソリトン同士の相互作用において，相互作用の前後で各ソリトンの波形は変わらない特徴を持っている．これは，通常の線形波の理論では有りえない特徴である．高い波のソリトンが低い波のソリトンを追い越すようすを図1に示す．追い越しの前後で各ソリトンの波形が変わってないことが見て取れるだろう．

ソリトン方程式に代表される力学系は，可積分系とも呼ばれ，その背後にある豊かな数学的構造をとおして，線形化可能あるいは線形系に関連付けてとらえる

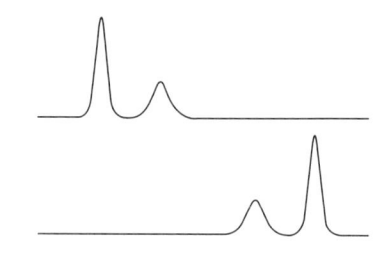

図1 ソリトンの追い越し

ことができ，ソリトン解などの厳密解を持つ．代表的な方程式としては，KdV 方程式をはじめとして，非線形 Schrödinger 方程式，戸田方程式，KP 方程式などの偏微(差)分方程式が上げられることが多い．しかし，偏微分方程式のままでは，計算機上で取り扱うのは非常に困難でもあるし，計算工学との直接的な関連性も見えてこない．計算機で扱えるのは有限個の離散データのみであり，連続量を扱うのは苦手である．そこで，偏微分方程式の離散化，つまり，時間・空間を格子状に区切り，格子点上の値の間の関係式として方程式を記述することにより，連続的なデータを前提にするのではなく，有限個のデータによってソリトンを記述することを考える．

微分方程式の離散化に関する一般論はなく，微分方程式の特定の性質に着目し，その性質を保存するような離散化は難しい．しかし，可積分系においては，その数理構造を解き明かすことにより，ソリトンなどの性質を保存した離散化が可能である．次節では，簡単な例を上げることで微分方程式の性質を保存した離散化とはどのようなものであるか説明する．

2. 性質を保存した離散化

数理生態学において，ベルハルストは，それまでの人口が増えると指数関数的に増えつづけるモデルではなく，ある程度人口が増えると人口増加率が減少するモデル方程式として

$$\frac{dx}{dt} = (1-x)x \tag{2}$$

を導入した．この方程式は，ロジスティック方程式と呼ばれ，$0<x<1$ において，dx/dt は正なので x は単調増加であり，x が1近くになると人口増加率を表す dx/dt は0となり，人口は増加しなくなるモデルである．

この方程式は，ソリトンと同様に「解ける」方程式であり，次のように求積可能である．

$$x(t) = \frac{1}{1-z(t)} \tag{3}$$

とおくことにより，ロジスティック方程式(2)は，線形方程式

$$\frac{dz(t)}{dt} = -z(t) \quad (4)$$

に変換することができ，$z(t)$について

$$z(t) = \exp(-t)/C \quad C\text{は積分定数}$$

と解くことができる．さらに，この$z(t)$に関する解と(3)式を用いることにより，ロジスティック方程式の解は

$$x(t) = \frac{C\exp(t)}{1+C\exp(t)} \quad (5)$$

と求まる．初期値$x(0)$を0から1の間にとり，解(5)の挙動について調べると，図2のように
- 単調増加
- $t \to \infty$で1に収束する

という性質を持っていることが分かる．

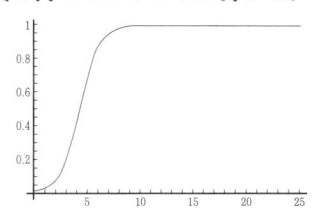

図2 ロジスティック方程式

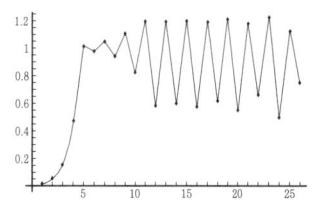

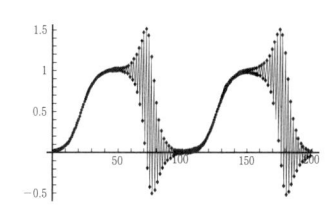

次に，このロジスティック方程式の離散化であるが，何の工夫もなく離散化するとどうなるであろうか？単純に微分の定義

$$\frac{dx(t)}{dt} = \lim_{\delta \to 0} \frac{x(t+\delta) - x(t)}{\delta}$$

を思い出し，(2)式の微分演算子を置き換えると，

$$\frac{x(t+\delta) - x(t)}{\delta} = x(t)(1-x(t)) \quad (6)$$

が得られる．$n\delta = t$とおいて

$$x_n = x(n\delta), \quad x_{n+1} = x(n\delta + \delta)$$

と書き表すと，(6)式より

$$x_{n+1} = (1+\delta)x_n - \delta x_n^2 \quad (7)$$

が得られる．次に，この式の解の挙動を知りたいのであるが，漸化式を用いれば解を求めなくても，適当な初期値を与え，計算機シミュレーションをすることにより，解のおおよその振る舞いを調べるのは容易である．(7)式において，δを十分小さくすると，図2に近い振る舞いをするが，δを大きくするとその振る舞いは図2のものと大きく異なる．$\delta=2.57$の場合の様子を図3に示す．

図3 ロジスティック方程式の離散化1 (7)

この離散方程式(7)はカオスを引き起こすことで有名な漸化式であり，元の微分方程式(2)の持っていた性質を保存していない．

また，別の離散化手法として中心差分と呼ばれる離散化を用いた

$$\frac{x_{n+1} - x_{n-1}}{2\delta} = x_n(1-x_n) \quad (8)$$

の振る舞いを調べると，

図4 ロジスティック方程式の離散化2 (8)

となり，元の微分方程式の持っていなかった周期性を示すようになってしまった．この現象は，離散系の豊かな世界を垣間見せてくれているのかもしれないが，今，われわれは，より基本的な離散方程式を探し求めているのであり，これ以上の追求はやめておこう．

では，単調増加性などのロジスティック方程式の性質を保つように離散するにはどうすればよいのであろうか？実は，非線形方程式であるロジスティック方程式をそのまま離散化するのではなく，変換して得られた線形方程式(4)の離散化を考えることにより，ロジスティック方程式と性質を共有する離散方程式が得られる．(4)式を

$$\frac{z_n - z_{n-1}}{\delta} = -z_n \quad (9)$$

と離散化し，(3)式を参考にした変換

$$x_n = \frac{1}{1-z_n}$$

を用いる．以上より，離散方程式

$$x_{n+1} = (1+\delta)x_n - \delta x_n x_{n+1} \quad (10)$$

が得られる．図3の場合と同じパラメータ$\delta = 2.57$を用いて，(10)式の数値シミュレーション結果を図5に示す

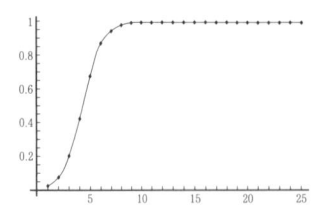

図5　ロジスティック方程式の離散化3(10)

この離散方程式は，ロジスティック方程式の持っていた単調増加性と1に収束するという性質を保存していることがわかる．離散方程式の解を求めることにより，この性質を確かめることも可能である．

3．離散可積分系と計算工学

前節では，ロジスティック方程式の線形化可能という数理構造に着目することにより，元の微分方程式の性質を保存した離散化が可能であった．この節では，可積分系の持つさまざまな「良い」性質を保存する離散化について簡単にふれる．さらに，離散化することにより，数理物理において発展してきた「可積分系」理論が，どのように計算機工学に関連していくか，解説する．

可積分系は，
1) ラックス対，行列表示
2) 無限個の保存量，対称性
3) ソリトン解などの厳密解
4) ベックルンド変換，ミウラ変換
5) 高次方程式
6) パンルベ性
7) τ関数，双線形方程式

などのさまざまな「良い」性質を持っていることが知られている．ここでは，代表的な方程式の1つである戸田方程式

$$\frac{d}{dt}V_n = V_n(J_{n+1} - J_n) \quad (11a)$$

$$\frac{d}{dt}J_n = V_n - V_{n-1} \quad (11b)$$

を例に挙げて，上記の性質のいくつかについて説明する．ソリトン解を持つのは，無限格子上での戸田方程式であるが，以下では簡のため，有限格子上の戸田方程式について議論する．無限格子上においても同様な議論が可能であることを注意しておく．

戸田方程式の行列表示は，上三角行列Vと下三角行列J

$$V = \begin{pmatrix} 0 & V_1 & & & 0 \\ & 0 & V_2 & & \\ & & 0 & \ddots & \\ & & & \ddots & V_{N-1} \\ 0 & & & & 0 \end{pmatrix}$$

$$J = \begin{pmatrix} J_1 & & & & 0 \\ 1 & J_2 & & & \\ & 1 & J_3 & & \\ & & \ddots & \ddots & \\ 0 & & & 1 & J_N \end{pmatrix}$$

を用いて

$$\frac{d}{dt}(V+J) = [V, J] \quad (12)$$

と表される．これは戸田方程式の行列表示と呼ばれ，この表示から，

$$H_n \equiv \mathrm{Trace}((V+J)^n) \quad (13)$$

が保存量であることは，

$$\begin{aligned}\frac{dH_n}{dt} &= n\mathrm{Trace}\left(\frac{d(V+J)}{dt}(V+J)^{n-1}\right) \\ &= n\mathrm{Trace}\left([V, J](V+J)^{n-1}\right) = 0\end{aligned}$$

と，簡単に示すことができる．

また，戸田方程式(11)はKdV方程式(1)との関連も深く，KdV方程式の空間離散化であるロトカ・ボルテラ方程式

$$\frac{dU_n}{dt} = U_n(U_{n+1} - U_{n-1}) \quad (14)$$

の解と戸田方程式の解は，ミウラ変換と呼ばれる関係式

$$V_n = U_{2n-1}U_{2n} \quad (15)$$

を用いて変換可能である．この変換により，奇数個の非周期的格子上のロトカ・ボルテラ方程式に対する保存量も，戸田方程式の保存量から導出できる．

ロジスティック方程式の離散化で議論したような，性質を保存する離散化も，その数理構造，特に，行列表示などの代数的な構造に着目することにより，可積分系の場合でも可能である．ここでは結果のみ挙げるが，行列表示(12)の離散化として

$$\frac{J(t+1) - J(t)}{\delta} + \frac{V(t+1) - V(t)}{\delta}$$
$$= V(t)J(t) - J(t+1)V(t+1) \quad (16)$$

が導かれる．上式において，
$$q_n = 1/\delta + J_n, \quad e_n = \delta V_n$$
とすると，離散戸田方程式として有名な
$$q_n^{(t+1)} e_n^{(t+1)} = q_{n+1}^{(t)} e_n^{(t)} \tag{17a}$$
$$q_n^{(t+1)} + e_{n-1}^{(t+1)} = q_n^{(t)} + e_n^{(t)} \tag{17b}$$
$$e_0^{(t)} = e_m^{(t)} = 0, \quad t = 0, 1, \ldots$$

が得られる．この従属変数 q_n, e_n にあわせて，行列表示も書き直すと

$$L(t+1)U(t+1) = U(t)L(t) \tag{18}$$

$$L(t) \equiv \begin{pmatrix} q_1^{(t)} & & & 0 \\ 1 & q_2^{(t)} & & \\ & \ddots & \ddots & \\ 0 & & 1 & q_m^{(t)} \end{pmatrix}$$

$$U(t) \equiv \begin{pmatrix} 1 & e_1^{(t)} & & 0 \\ & 1 & \ddots & \\ & & \ddots & e_{m-1}^{(t)} \\ 0 & & & 1 \end{pmatrix}$$

となる[4]．

さらに，離散戸田方程式(17)と離散ロトカ・ボルテラ方程式
$$u_n^{(t+1)}\left(1 + u_{n-1}^{(t+1)}\right) = u_n^{(t)}\left(1 + u_{n+1}^{(t)}\right) \tag{19}$$
を結ぶミウラ変換[2]
$$e_n^{(t)} = u_{2n-1}^{(t)} u_{2n}^{(t)} \tag{20a}$$
$$q_n^{(t)} = \left(1 + u_{2n-2}^{(t)}\right)\left(1 + u_{2n-1}^{(t)}\right) \tag{20b}$$

も，ミウラ変換(15)の離散類似として導かれる．図6に離散ロトカ・ボルテラ方程式(19)を用いた離散時空間上のソリトンを示す．有限個の離散的なデータのみで，みごとにソリトンの相互作用が表されていることに注目してほしい．

ソリトン方程式の離散化の研究は，もともと偏微分方程式で記述されていたソリトン方程式を精度良く数値シミュレーションすることを目的としていたが，全く予想してしていなかったことに，他の分野とのつながりを次々と明らかにするという結果につながった．とりわけ，計算工学の分野では，さまざまな計算アルゴリズムと関連することが発見された．例えば，離散戸田方程式(17)は，固有値計算アルゴリズムとして有名な qd アルゴリズムで用いられている漸化式そのものであった．$A(t) \equiv L(t)U(t)$ とおいて，戸田方程式

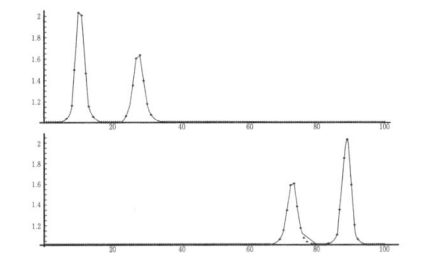

図6　離散時間・空間上のソリトンの追い越し

の行列表示(18)を書き直してみると，
$$A(t+1) = U(t)A(t)(U(t))^{-1}$$
となり，離散戸田格子の時間発展は，行列 A の固有値保存変形であることが確かめられる．

その他の例においても，可積分系の性質を保存した離散方程式は，なにかしらの計算工学的な意味づけが可能であり，可積分系の理論に基づく新しい数値計算アルゴリズムの提案も，最近の研究ではなされてきている．可積分系の理論を由来とするアルゴリズムの例が，離散ロトカ・ボルテラ方程式(19)を用いた，行列の特異値を計算するアルゴリズム[5，6]である．

このアルゴリズムは，離散戸田方程式の行列表示を出発点として，離散戸田方程式と離散ロトカ・ボルテラ方程式を結ぶミウラ変換(20)により，行列表示を変形することにより定式化されたものである．

4．さらなる発展

可積分系の研究は，連続量を扱う微分方程式から，その一般化である離散方程式にまでその裾野を広げてきており，理論と応用の両面の研究が同時進行ですすんでいる．ソリトンの数理構造を解明する方法論は，自然科学のみならず，情報科学，特に，計算工学に内在している構造やダイナミクスの解明に非常に役立つ．最近の研究では，さらに，究極の離散系とでもいえる「超離散」系という新しい話題も盛んである．以下では，超離散系について簡単にふれ，この分野のさらなる発展の可能性について見ていく．

「超離散系[7]」では，独立変数のみならず，従属変数にいたるまで離散的な値のみで表そうとするものである．ソリトン方程式の場合では，時間・空間の離散化だけでなく，その波の高さまで，デジタルな値のみで表わされる．実際に，超離散系でのソリトンの時間発展の例を図6に示す．この例では，動かない"11"ソリトンを"120 → 021 → 012"と時間発展するソリトンが衝突の前後で形を変えずに追い越しているのが見てとれ，ソリトンの位

```
0 0 1 2 0 0 0 1 1 0 0 0 0 0
0 0 0 2 1 0 0 1 1 0 0 0 0 0
0 0 0 1 2 0 0 1 1 0 0 0 0 0
0 0 0 0 2 1 0 1 1 0 0 0 0 0
0 0 0 0 1 2 0 1 1 0 0 0 0 0
0 0 0 0 0 2 1 1 1 0 0 0 0 0
0 0 0 0 0 1 2 1 1 0 0 0 0 0
0 0 0 0 0 1 1 2 1 0 0 0 0 0
0 0 0 0 0 1 1 1 2 0 0 0 0 0
0 0 0 0 0 1 1 0 2 1 0 0 0 0
0 0 0 0 0 1 1 0 1 2 0 0 0 0
0 0 0 0 0 1 1 0 0 2 1 0 0 0
0 0 0 0 0 1 1 0 0 1 2 0 0 0
0 0 0 0 0 1 1 0 0 0 2 1 0 0
```

図7 超離散ソリトンの例

相のズレなど，ソリトンの相互作用の基本的性質が，整数のみで表されている．

この図6を与える超離散方程式は，離散ロトカ・ボルテラ方程式(19)に変数変換

$$u_n^{(t)} = \exp(x_n^{(t)}/\varepsilon), \quad \delta = \exp(-1/\varepsilon) \quad (21)$$

と超離散極限と呼ばれる

$$\lim_{\varepsilon \to 0} \varepsilon \log[1+\exp(Z/\varepsilon)] = \max(0, Z) \quad (22)$$

を適用することにより，

$$x_n^{(t+1)} - x_n^{(t)} = \max(0, x_{n-1}^{(t)}-1) - \max(0, x_{n+1}^{(t+1)}-1) \quad (23)$$

と得られる．超離散方程式(23)は，max及び+，−演算のみ(max-plus代数[8])から構成されており，初期値を整数とすれば，その時間発展は整数のみで表すことができる．

さらに従属変数変換 $U_n^t = \sum_{j=-\infty}^{n+1} u_j^t - \sum_{j=-\infty}^{n} u_j^{t+1}$ を超離散ロトカ・ボルテラ方程式(23)に施すことにより次のルールで記述される「最もシンプル」なソリトン系が得られる．

可算無限個の箱を用意し，一列に並べる．そこに，有限個の玉を適当に箱に詰める．ここでの箱の容量は1とする．この最初の状態を時刻 $t=0$ とし，次の手続きに従い時間を進めていく．

1) 左の方に位置する玉から順にひとマス移動する．
2) 移動する先にすでに玉がある時は，飛び越える．
3) 全部の玉が移動しおわったら，時刻を1だけ増やす．

初期状態として…○●●●○○○○○○●●○…を与えると図3で示されるように時間発展する．この箱と玉の系は，ソリトン・セルオートマトンとも呼ばれ，連なった玉の1群を1つのソリトンとみなせば，ソリトン系の立派な一員であることがわかる[9].

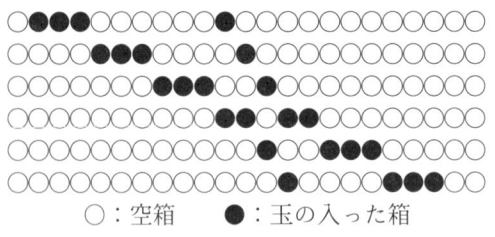

○：空箱　●：玉の入った箱

図8 "箱と玉の系"の時間発展

この超離散系の計算工学的側面は，まだ詳細には明らかになっていない．しかし，この新しい系と計算機との親和性は普通の離散系以上に高く，今後の研究の成果が楽しみである．

ここでは，最後に超離散系を例に挙げたが，ソリトンを由来とする可積分系の汲めども尽きぬ豊かな数理構造は，現在もなお，新鮮な驚きとともに新しい風を送ってきてくれている．数理工学という場面において，未だ究め尽くしきれない未知の領域の研究に期待したい．

参考文献

[1] 戸田盛和：「ソリトン，カオス，フラクタル」岩波書店 (1999).

[2] R. Hirota, S. Tsujimoto, J. Phys. Soc. Jpn. 64 (1995) 3125.

[3] 辻本諭，中村佳正他著：「可積分系の応用数理」中村佳正編，裳華房 (2000).

[4] R.Hirota, S.Tsujimoto and T.Imai, Difference scheme of soliton equations, in ; *Future Directions of Nonlinear Dynamics in Physical and Biological Systems*, P. L. Christiansen, J.C.Eilbeck and R. D. Parmentier Eds., Plenum, New York (1993) 7.

[5] S. Tsujimoto, Y. Nakamura and M. Iwasaki, Inverse Problems, 17 (2001) 53.

[6] M. Iwasaki and Y. Nakamura, Inverse Problems, 20 (2004) 553.

[7] 高橋大輔：数理科学 405 (1997) 33.

[8] F.Baccelli et al.：*Synchronization and linearity*, John Wiley and Sons (1992).

[9] D.Takahashi and J.Satsuma：J.Phys.Soc.Jpn.59 (1990) 3514.

（つじもと　さとし）

③

行列の特異値分解法の革新をめざして
— 近未来の数理工学 —

中村　佳正

1　数理工学の新展開

1959年の京都大学数理工学科の誕生以来, 数理工学は, エンジンルームに数学と物理学をおき, 制御工学とOR (計画工学) を両輪とした最新モデルのクルマ (＝工学的方法論) として, 高度工業社会の持続的な発展を支えてきた. 産業構造の変化にともなって制御とORの適用範囲は急速に広がり, 京大数理工学は毎年40名足らずと数は多くないものの, ユニークな個性の卒業生を幅広い業種に送り出してきた. 数学・物理学と計算機の基礎がバランスよく身に付いた数理工学研究者・技術者は, 基礎から問題を解決する力だけでなく応用力にも富んでいる. 数理工学の50年余は順風満帆なものであったといえよう.

1990年代以降, 数理工学にもいくつかの変化の兆しが訪れた.

ひとつは, 情報の符号化の理論における「代数幾何符号」の発見である. 現在, CDMA等の携帯電話ではBCH符号と呼ばれる線形符号に基づく符号化が行われている. 符号理論では, より効率のよい符号化と同時に, より多数のエラーの混じった受信信号からでも正しい送信信号が復元できることが求められる. BCH符号をしのぐ符号法としてゴッパ符号がある. ゴッパ符号はBCH符号を特別な場合に含み, ある直線上の有理点を利用して符号化している. 直線の代わりに楕円曲線などの曲線を用いて定義される符号が代数幾何符号である. 従来の符号より効率のよい符号が存在することが示されており, 代数幾何学, 楕円関数論, 整数論といった極めて抽象度の高い数学の情報理論への応用として注目されている.

もう一つは, 確率微分方程式によって株価の変動を記述することで経済現象を確率解析の対象とする「金融工学」が誕生したことである. ブラック・ショールズ理論に基づいてショールズとマートンがオプション価格付けの原理を発見し, 1997年ノーベル経済学賞を受賞したことから一躍有名になった.

この二つは数理工学の基礎であったはずの数学が, 制御やORという定番の方法論によらず, 直接, 数理工学的成功を収めてしまった点で, これまでにない事件であった. コンピュータ社会の到来, 高度情報化社会が現実になるにつれて, 数学的原理がそのまま革新的技術に転用可能になったのだ. エンジンにつばさをつけて離陸するかのように.

最も原理的な学問が最も先端的であるもうひとつの例として, 本稿では, 行列の固有値計算, 特異値分解という基本中の基本問題における最近の進展について歴史的視点を交えながら解説する.

2　qd法とユークリッド互除法

誕生間もない電子計算機が急速な発展を遂げていた1950～60年代は数値解析という学問の勃興期でもあった. この頃スイスで活躍した数学者にルティスハウザー (H. Rutishauser, 1918-1970) という人がいる. 山本哲朗著「数値解析入門」[1]にはルティスハウザーは2カ所に登場するが, 彼の発明したqd法 (quotient-difference algorithm／商差法) の記述はどこにもない. 悲劇的な自動車事故死の後に友人達が遺稿をまとめて出版した「Lectures on Numerical Mathematics／計算数学講義」[2]においても, qd法は付録に置かれているにすぎない.

qd法はその名の通り, 商すなわち除算と, 差すなわち減算の繰り返しによる極めてシンプルな計算アルゴリズムである. 多くの数学者の興味を引くと同時に様々な応用が考えられた. しかし, 一松信著「特殊関数入門」[3]には「不幸にしてこの算法は誤差の累積がひどく, 数値計算では実用にならないとされてしまった」とある. ここに, 歴史に忘れられた理由がありそうだ.

「アルゴリズム」という言葉がユークリッド互除法を指した時代もあった. 高校数学にも登場し, BCH符号の復号法としてデジタル通信技術の基礎ともなっている互除法は, 現代でも最も知られたアルゴリズムであろう. a_0, a_1を自然数とする. 互除法の

手順

$$a_k = a_{k+1} \cdot Q_k + a_{k+2}, \quad Q_k：商（自然数），$$
$$0 \leq a_{k+2} < a_{k+1}, \quad k = 0, 1, ..., m,$$
$$a_{m+2} = 0$$

により，素因数分解に比べてはるかに少ない計算量で a_0, a_1 の最大公約数 a_{m+1} を求めることができる．互除法は，同時に，有理数 a_0/a_1 の連分数展開

$$\frac{a_0}{a_1} = Q_0 + \cfrac{1}{Q_1 + \cfrac{1}{Q_2 + \cfrac{1}{\ddots + \cfrac{1}{Q_m}}}}$$

$$\equiv Q_0 + \frac{1|}{|Q_1} + \frac{1|}{|Q_2} + \cdots + \frac{1|}{|Q_m}$$

を与えることに注意する．記号 $\frac{1|}{|Q_1} + \cdots$ などは連分数の簡略化した書き方である．例として $a_0 = 533$, $a_1 = 169$ の場合を考えよう．$533 = 169 \cdot 3 + 26$, $169 = 26 \cdot 6 + 13$, $26 = 13 \cdot 2 + 0$ によって最大公約数 $a_3 = 13$ が求められる．同時に，533/169 は

$$\frac{533}{169} = 3 + \frac{26}{169} = 3 + \cfrac{1}{\cfrac{169}{26}}$$
$$= 3 + \cfrac{1}{6 + \cfrac{13}{26}} = 3 + \frac{1|}{|6} + \frac{1|}{|2}$$

と連分数展開される．

ユークリッド互除法は多項式の最大公約数（次数最大の共通因子）の計算にも有効である．多項式 $P = P(x)$ の次数を $\deg P$ と記す．有理数係数の多項式に対する互除法の手順は

$$P_k = P_{k+1} \cdot Q_k + P_{k+2}, \quad Q_k：商（多項式），$$
$$0 \leq \deg P_{k+2} < \deg P_{k+1}, \quad k = 0, 1, ..., m,$$
$$\text{or}, \quad 0 = \deg P_{m+2} = \deg P_{m+1}, \quad P_{m+2} = 0$$

である．有限回の反復で P_0, P_1 の最大公約数 P_{m+1} を得ると同時に，有理関数 P_0/P_1 の連分数展開も実現される．

さて，m 次有理関数 P_2/P_1 の $x = \infty$ におけるべき級数展開

$$\frac{P_2}{P_1} = s_0 x^{-1} + s_1 x^{-2} + s_2 x^{-3} + \cdots$$

が与えられたとき，その係数 $\{s_0, s_1, s_2, \cdots\}$ から P_2/P_1 の連分数表示

$$\frac{1|}{|x - q_1^{(0)}} - \frac{q_1^{(0)} e_1^{(0)}|}{|x - q_2^{(0)} - e_1^{(0)}} - \cdots - \frac{q_{m-1}^{(0)} e_{m-1}^{(0)}|}{|x - q_m^{(0)} - e_{m-1}^{(0)}}$$

がいかに書き下されるのだろうか．

行列式

$$H_k^{(n)} \equiv \begin{vmatrix} s_n & s_{n+1} & \cdots & s_{n+k-1} \\ s_{n+1} & s_{n+2} & \cdots & s_{n+k} \\ \vdots & \vdots & & \vdots \\ s_{n+k-1} & s_{n+k} & \cdots & s_{n+2k-2} \end{vmatrix},$$

$$H_0^{(n)} \equiv 1, \quad H_{-1}^{(n)} \equiv 0, \quad k = 1, 2, \ldots$$

を準備しよう．この連分数の係数 $e_k^{(0)}$, $q_k^{(0)}$ は行列式の比によって

$$q_k^{(0)} = \frac{H_{k-1}^{(0)} H_k^{(1)}}{H_{k-1}^{(1)} H_k^{(0)}}, \quad e_k^{(0)} = \frac{H_{k-1}^{(1)} H_{k+1}^{(0)}}{H_k^{(0)} H_k^{(1)}}$$

と表される [3]．しかし，行列式の計算には一般に多くの計算を必要とする．そこで，以下では，連分数の係数 $e_k^{(0)}$, $q_k^{(0)}$ を計算するため，$k = 0, 1, \ldots$ だけでなく，離散パラメータ $n = 0, 1, \ldots$ の方向への計算も取り入れたアルゴリズムを定式化する．

まず，数列 $q_k^{(n)}$, $e_k^{(n)}$ を漸化式

$$q_{k+1}^{(n)} = q_k^{(n+1)} \frac{e_k^{(n+1)}}{e_k^{(n)}},$$
$$e_{k+1}^{(n)} = q_{k+1}^{(n+1)} - q_{k+1}^{(n)} + e_k^{(n+1)}$$

に従って導入する．ここに，$e_0^{(n)} = 0$, $e_m^{(n)} = 0$, $k = 0, 1, \ldots, m-1$, $n = 0, 1, 2, \ldots$ である．$q_k^{(n)}$, $e_k^{(n)}$ の相互関係は表

$$\begin{array}{ccccccc}
 & & q_1^{(0)} & & & & \\
e_0^{(1)} & & & & e_1^{(0)} & & \\
 & & q_1^{(1)} & & & q_2^{(0)} & \\
e_0^{(2)} & & & & e_1^{(1)} & & \ddots \\
 & & q_1^{(2)} & & & & q_m^{(0)} \\
\vdots & & \vdots & & \vdots & e_{m-1}^{(1)} & \\
 & & & & & \cdots & \\
e_0^{(2m-2)} & & & & e_1^{(2m-3)} & & \\
 & & q_1^{(2m-2)} & & & &
\end{array}$$

により容易に理解できよう．初期値を

$$e_0^{(n)} = 0, \quad q_1^{(n)} = \frac{s_{n+1}}{s_n}, \quad n = 0, 1, \ldots, 2m-2$$

とおき，漸化式に従って表を左から右に $k \Rightarrow k+1$

となるように計算すれば，$O(m^2)$ 回の乗除算で連分数のすべての係数 $e_k^{(0)}$, $q_k^{(0)}$ が求められる．これがルティスハウザーの qd 法である．

例として $P_1 = x^3 - 3x^2 - 10x + 21$, $P_2 = x^2 - 4x + 3$ をとりあげる．有理関数 P_2/P_1 は

$$x^{-1} - x^{-2} + 10x^{-3} - 10x^{-4} + 118x^{-5} + 134x^{-6} + \cdots$$

と展開されるが，もしこのべき級数の最初の 6 項が与えられたとき，

$$e_0^{(n)} = 0, \quad q_1^{(0)} = -1, \quad q_1^{(1)} = -10,$$
$$q_1^{(2)} = -1/10, \quad q_1^{(3)} = -188, \quad q_1^{(4)} = 67/59$$

を初期値として qd 法を適用すれば表

```
          -1
0                -9
         -10              11
0                99/10             1/11
         -1/10            131/110           21/11
0                -1179/10          210/1441
         -118             15620/131
0                7029/59
         67/59
```

を得る．連分数

$$\frac{1}{|x+1|} - \frac{(-9)\cdot(-1)}{|x-11+9|} - \frac{11\cdot 1/11}{|x-21/11-1/11|}$$

は確かにもとの有理関数 P_2/P_1 の連分数表示である．

以上により，qd 法は，離散パラメータ n の導入により可能となった，ユークリッド互除法の本質的な拡張であることがわかる．

3 qd 法による固有値計算

では，qd 法の漸化式の $n \Rightarrow n+1$ の計算はどんな機能をもつであろうか．今度は表の上から下への計算である．

行列の固有値問題は広範な応用をもち，数値解析における最も重要な問題のひとつである．与えられた行列を適当な前処理によって同じ固有値をもつ 3 重対角行列に変形した上で固有値計算を開始する．3 重対角行列

$$A^{(0)} \equiv \begin{pmatrix} q_1^{(0)} & q_1^{(0)}e_1^{(0)} & & & 0 \\ 1 & q_2^{(0)}+e_1^{(0)} & q_2^{(0)}e_2^{(0)} & & \\ & 1 & \ddots & \ddots & \\ & & \ddots & \ddots & q_{m-1}^{(0)}e_{m-1}^{(0)} \\ 0 & & & 1 & q_m^{(0)}+e_{m-1}^{(0)} \end{pmatrix}$$

の固有値計算を考えよう．ルティスハウザーは $A^{(0)}$ を以下のように下 3 角行列と上 3 角行列の積へと LR 分解する．

$$A^{(0)} = L^{(0)}R^{(0)},$$

$$L^{(0)} \equiv \begin{pmatrix} q_1^{(0)} & & & & 0 \\ 1 & q_2^{(0)} & & & \\ & 1 & \ddots & & \\ & & \ddots & \ddots & \\ 0 & & & 1 & q_m^{(0)} \end{pmatrix},$$

$$R^{(0)} \equiv \begin{pmatrix} 1 & e_1^{(0)} & & & 0 \\ & 1 & e_2^{(0)} & & \\ & & \ddots & \ddots & \\ & & & \ddots & e_{m-1}^{(0)} \\ 0 & & & & 1 \end{pmatrix}.$$

さらに，ふたつの3角行列（LR分解の因子）の順番を取り替えて

$$A^{(1)} \equiv R^{(0)}L^{(0)}$$

とおく．$A^{(1)}$はやはり3重対角行列で，qd法の漸化式を利用して

$$A^{(1)} = \begin{pmatrix} q_1^{(1)} & q_1^{(1)}e_1^{(1)} & & & 0 \\ 1 & q_2^{(1)}+e_1^{(1)} & q_2^{(1)}e_2^{(1)} & & \\ & 1 & \ddots & \ddots & \\ & & \ddots & \ddots & q_{m-1}^{(1)}e_{m-1}^{(1)} \\ 0 & & & 1 & q_m^{(1)}+e_{m-1}^{(1)} \end{pmatrix}$$

と書ける．この結果，qd法の$n \Rightarrow n+1$なる計算は行列の変形

$$A^{(n)} \Rightarrow A^{(n+1)} = R^{(n)}A^{(n)}(R^{(n)})^{-1}$$

と同等であることがわかる．$A^{(n+1)}$は$A^{(n)}$と同じ固有値をもつ．

一方，qd法の漸化式で定まる数列は$n \to \infty$で収束し，$q_k^{(n)} \to \lambda_k$，$e_k^{(n)} \to 0$となる［3］．λ_kは適当な定数．これは行列の系列$A^{(n)}$が$n \to \infty$で下3角行列

$$A^{(\infty)} = \begin{pmatrix} \lambda_1 & & & & 0 \\ 1 & \lambda_2 & & & \\ & 1 & \ddots & & \\ & & \ddots & \ddots & \\ 0 & & & 1 & \lambda_m \end{pmatrix}$$

に収束することを意味するが，極限行列$A^{(\infty)}$の対角成分$\{\lambda_1, ..., \lambda_m\}$はもとの行列$A^{(0)}$の固有値にほかならない．

qd法の上から下への計算により3重対角行列$A^{(0)}$の固有値が計算が可能であることがわかった．ところが，漸化式の分母に0に収束する変数e_kがあるため計算精度が悪化しやすく，qd法は固有値計算法としては顧みられることはなかった．

3重対角行列を分解して因子を取り替え，新しい3重対角行列を生成していくというルティスハウザーのアイデアは違う形で引き継がれた．1961年，フランシス(J. Francis)等はLR分解の代わりに直交行列Qと上3角行列RへのQR分解を使うことを提唱した．直交行列は$QQ^\top = Q^\top Q = I$，（$Q^\top$はQの転置，Iは単位行列）の性質をもち，列ベクトルの正規直交化を必要とする．直交性が保たれ分母に0は現れないため，精度が安定しているが，大量を平方根計算を必要とする．その後，フランシスのQR法は改良が重ねられ，QR法は固有値計算のchampion algorithmと呼ばれるまでになった．一方，ルティスハウザーのqd法は忘れ去られた．

4　新構想の特異値分解アルゴリズム

実対称行列Aは適当な直交行列Uにより対角化されて$U^\top AU = D$と書かれる．ここに，DはAの固有値からなる対角行列を表す．対角化を$A = UDU^\top$と書いてAの固有値分解と呼ぶ．行列の特異値分解(SVD)は固有値分解を一般の長方形行列Aに拡張したものである．任意の$\ell \times m$行列Aに対して以下のようなℓ次直交行列U，m次直交行列Vが存在する（特異値分解定理）．簡単のため$\ell \geq m$とすれば，

$$U^\top AV = \begin{pmatrix} \Sigma \\ O \end{pmatrix},$$
$$\Sigma = \mathrm{diag}(\sigma_1, \sigma_2, \cdots, \sigma_m),$$
$$\sigma_1 \geq \sigma_2 \geq \cdots \geq \sigma_m \geq 0.$$

対角行列Σの対角成分σ_kをAの特異値，直交行列U，Vの各ベクトルを特異ベクトルという．

行列の特異値分解はデータ検索，画像処理などで用いられる重要な線形数値演算である．与えられた行列Aに対していかに高速・高精度に特異値と特異ベクトルを計算するかが問題である．$A^\top A = V\Sigma^2 V^\top$であるから，対称行列$A^\top A$の固有値分解により$\Sigma$と$V$が得られ，$U$は$A$，$\Sigma$，$V$から定まる．しかし，これを単に実行しただけでは計算量が大きく数値的な精度も悪い．そこで，前処理によって行列$A^\top A$を同じ固有値をもつ3重対角対称行列$B^\top B$に変換した上で固有値計算する．Bは

$$B = \begin{pmatrix} \beta_1 & \beta_2 & & & 0 \\ & \beta_3 & \ddots & & \\ & & \ddots & \beta_{2m-2} & \\ 0 & & & \beta_{2m-1} & \end{pmatrix}$$

なる上2重対角行列である．国際標準パッケージのLAPACK(USA)では，$B^\top B$に対するQR法による固有値分解が採用されている．しかし，近年重要度が増している大規模問題ではQR法の大量の平方根演算に起因して計算量が多い欠点が目立ち始めている．

筆者のグループでは，数理生物学に現れるロトカ・ボルテラの微分方程式系

$$\frac{du_k}{dt}=u_k(u_{k+1}-u_{k-1}),$$

$k=1,2,\ldots,2m-1$, $t\geq 0$ を取り上げ，初期値を上2重対角行列 B によって $u_k^{(0)}=\beta_k^2$ と与える時，境界条件 $u_0(t)=0$, $u_{2m}(t)=0$ のもとで，解は

$$\lim_{t\to\infty}u_{2k-1}(t)=\sigma_k^2,\quad \lim_{t\to\infty}u_{2k}(t)=0$$

なる漸近的挙動をすることをみた．σ_k は B の特異値である．この意味で，ロトカ・ボルテラ系は上2重対角行列の特異値を「学習」する能力があることになる．

次に，ロトカ・ボルテラ系を時間変数 t について離散化した漸化式

$$U_k^{(n+1)}-U_k^{(n)}=\delta(U_k^{(n)}U_{k+1}^{(n)}-U_k^{(n+1)}U_{k-1}^{(n+1)})$$

$k=1,2,\ldots$, $n=0,1,\ldots$, あるいは，これを書き換えた

$$U_k^{(n+1)}=\frac{1+\delta U_{k+1}^{(n)}}{1+\delta U_{k-1}^{(n+1)}}U_k^{(n)}$$

に注目する．ただし，連続系同様 $U_0^{(n)}=0$, $U_{2m}^{(n)}=0$ としている．$U_k^{(n)}$ は時刻 $t=n\delta$ における u_k に対応する．パラメータ δ は差分ステップサイズで，$t=n\delta$ と保って連続極限 $\delta\to 0$ をとれば，漸化式はロトカ・ボルテラ系に戻る．また，任意の正数 δ について漸化式の定める数列 $U_{2k-1}^{(n)}$ は $n\to\infty$ で上2重対角行列 B の特異値の平方 σ_k^2 に収束する．従って，この漸化式の反復計算で特異値計算が実行されることになる．この新アルゴリズムの基礎にあるのは，「可積分な力学系（可積分系）では解をもつという性質を保った離散化が可能である」という数学的事実である[4]．ロトカ・ボルテラ系は可積分系の一例である．ここでは新アルゴリズムを「可積分アルゴリズム」と呼ぼう．漸化式には減算はなく変数の値が負になることはない．分母が0になることもない．変数の正値性は可積分アルゴリズムの数値安定性，高精度性を保証している[5]．

なお，可積分アルゴリズムの漸化式の変数を

$$e_k^{(n)}=\delta U_{2k-1}^{(n)}U_{2k}^{(n)},$$
$$q_k^{(n)}=\frac{1}{\delta}(1+\delta U_{2k-2}^{(n)})(1+\delta U_{2k-1}^{(n)})$$

と変換すれば，ルティスハウザーの qd 法が現れる．逆に，可積分アルゴリズムはこの変換を通じて変数の正値性を獲得し，qd 法のもつ数値不安定性と決別することができたとみることができる．可積分アルゴリズムはいわば新世代の qd 法である．ルティスハウザーの夢が可積分アルゴリズムの形で現代によみがえってきた．

最後に，可積分アルゴリズムと国際標準パッケージ LAPACK との性能を比較する．Fig. 1 は100次行列に対して計算した100個の特異値と真の値との相対誤差をプロットしたものである．可積分アルゴリズムによる値（太線）は LAPACK に搭載されたふたつのパッケージの値と比較して10〜100倍程度，高精度であることがわかる．

Table. 1 は可積分アルゴリズム（I-SVD）による特異値分解と QR 法に基づく LAPACK のパッケージ（DBDSQR）による特異値分解とを比較したものである．DBDSQR は Mathematica, MATLAB な

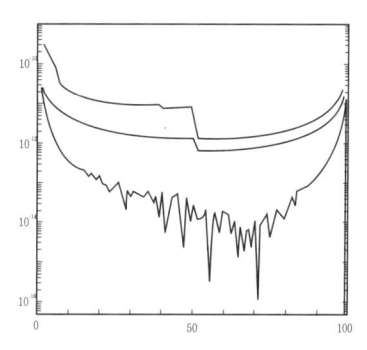

Fig. 1. Relative Errors of Computed Singular Values

どの商用ソフトウェアで広く使われている．表の SVD residual は精度を比較したもので誤差の総和はほぼ同程度であることがわかる．一方，表の下半分は計算時間の比較で，例えば1000次行列の特異値分解に要する時間は1/50以下である．

Table 1. Errors of SVD and Timing Comparisons (sec.)

	DBDSQR	I-SVD
SVD residual	$1.40\mathrm{E}^{-13}$	$1.71\mathrm{E}^{-13}$
$m=1000$	64.38	1.10
$m=2000$	1365.88	4.48
$m=3000$	5290.72	11.13

5　近未来の数理工学にむけて

東京大学の数理工学を長年支えてきた甘利俊一は「私の言う数理工学は終焉を告げた．これからは新しい数理が発展しなければいけない」という．また「じっくりと数理の基礎を追求し，大きな構想の下にしっかりとした枠組みの研究を生み出してほしい」ともいう．本稿で紹介した可積分な特異値分解アルゴリズムは，可積分系の応用解析という構想のもとに，古典解析，力学系，数値解析などを基礎として開発された新しいアルゴリズムである．数学的に豊富な内容をもつだけでなく，国際標準パッケージを上回る性能をもち，今後はプロジェクト型研究を通じて様々なソフトウェアが開発されようとしている．可積分系研究の強い日本で生まれ，若い個性の参加を得て育った新しい数理工学の方法論である．

このような数学から直接持ち上がった骨太の方法論を加えることで，近未来の数理工学は大きく発展していくに違いない．

参考文献

[1] 山本哲朗著，数値解析入門，サイエンス社，1976.

[2] H. Rutishauser, Lectures on Numerical Mathematics, Birkhäuser, Boston, 1990.

[3] 一松信著，特殊関数入門，森北出版，1999.

[4] 中村佳正・辻本諭他著，可積分系の応用数理，裳華房，2000.

[5] 中村佳正著，可積分系の機能数理，共立出版，2006

（なかむら　よしまさ）

④

行列の掛け算の規則を奇妙だと感じたことがありますか？

田中　利幸

数学の概念としての「行列」にはじめて出会ったのは，もはや何十年も昔のことだ．今ではすっかり行列を道具として当たり前に使ってはいるものの，最初に出会ったときに感じた違和感は今でも頭の片隅に残っている．

「数を縦横に長方形になるように配列したものを行列という」——初対面のとき，行列はこんなふうに定義されていたように思う．そして，大きさが同じ行列どうしは足したり引いたりできて，結果を求めるには，対応する位置にある要素どうしを足したり引いたりしたものを要素とする行列をつくればよい，というわけである．同じように数を並べたものであるベクトルの足し算，引き算と同じである．行列の定数倍も，ベクトルの場合と同じである．

初対面ではあっても，ここまではとくに問題を感じることもなかったと思う．どうにも不思議であったのは，行列の掛け算である．どうしてあのような奇妙な規則なのか．対応する位置にある要素どうしを掛け合わせるのでないのはどうしてか．ゲームのルールのようなものと考えて計算に習熟するのはそれほど難しいことでもなかったが，あの規則の意味や意義がよくわからないという宙吊りの違和感をしばらくは強く持ちつづけていた．

歴史的に見れば，科学の諸分野で，様々な問題を数学のことばで記述し操作することで，素朴に考えていたのでは決して得られないような洞察をすくい上げる，という営為が，絶え間なく行われてきた．そのような過程を通じて，数学それ自体も記述の道具として鍛えられ洗練されてきたのであり，高等学校で我々が学ぶ数学の基礎的な事項も，それらの磨き抜かれた道具につながっているはずである．であるならば，あの行列の掛け算の規則も数学の歴史のなかで鍛えられた結果として，あのような形をとるに至ったに違いない．

もう何年も前のことだが，当時の職場の同僚に「『行列』って誰が最初に考えたのか知ってますか．」と尋ねられたことがある．尋ねられた私はその場で，はた，と考え込んでしまった．恥ずかしながら，私はそのとき「行列」の数学史についてほとんど何も知らなかったのだ．高等学校で学ぶ数学の主な基礎概念を生み出した歴史上の数学者として，微分積分学はニュートンとライプニッツ，確率論についてはパスカルやフェルマー，といった名前は，一般向けの数学関連書籍にも触れられる機会が多く，広く知られていよう．しかし，言い訳がましいかもしれないが，これらの基礎概念と比較して，行列概念の確立に貢献のあった数学者が誰であったのかに言及される機会は著しく少ないように感じられる．

今は便利な世の中であるから，少し調べればいろいろなことを知ることができる．例えば，"matrix" という数学用語は，シルベスターにより 1850 年にはじめて使われたこと，その翌年にシルベスターがケイリーに会い，ケイリーが行列概念の重要さに気づいて 1858 年の著書で行列の理論を発表したこと，その一方で，行列演算の基本的な概念はアイゼンシュタインがそれらに先立つ 1844 年にすでに提案していたことなどを知ることはそれほど難しくない．さらに，歴史的には行列式の概念のほうが行列概念よりも先行しており，日本の和算家として著名な関孝和が「解伏題之法」と題する手稿 (1683 年) において行列式に関して議論しているのが世界でも最初とされていること，などの史実はちょっと意外性もあってそれ自体が興味

深いものである．また，固有値や対角化といった，多くの大学生が大学での最初の年に格闘を余儀なくされる概念が，1826 年にコーシーによって提案されていることなども容易に知ることができる．力学や図形の面積などの比較的具体的な対象を扱う形で形成されてきた微分積分学が 17 世紀末までには確立されていたことなどと比較すると，行列概念の形成が時代的にかなり遅いことに気づかされる．このことは行列概念の抽象度の高さを反映しているのではないかとも考えられるのだが，こういった数学史について深入りすることは本稿の趣旨ではない．

よく知られているように，実数を成分としてもつ 2×2 行列 A をひとつ選ぶと，2 次元実ベクトル空間上の線形写像が

$$\vec{y} = A\vec{x}$$

によって定義される[1]．$\vec{x}, \vec{y}$ はここでは 2 次元ベクトルである．以下では，「行列 A によって定義される線形写像」のことを簡略に「線形写像 A」と表記することにする．

2 次元実ベクトル空間上の線形写像は，1 次元の場合の対応する線形写像 $y = ax$ よりも複雑である．1 次元の場合は，実数 x の大きさが写像によって a 倍になるわけだが，2 次元の場合には，$\vec{x}$ は写像によって大きさだけでなく一般には向きまで変わるから面倒なのだ．しかし，行列 A に対して $\vec{x}$ をうまく選ぶと，線形写像 A によって $\vec{x}$ の大きさは変わるかもしれないが向きが変わらないようにできる．そのようなベクトル $\vec{x}$ の向きに関しては線形写像 A の作用は大きさを何倍にするかだけで特徴づけられるので，上述の面倒さが軽減されてありがたい．線形写像 A によって $\vec{x}$ の向きが変わらない，という条件は，ある実数 λ を使って

$$A\vec{x} = \lambda \vec{x}$$

---

[1]行列による平面上の点の写像は，原点を始点として平面上の点をあらわす位置ベクトルの写像と同じことである．

と表すことができる．この条件を満たす $\lambda, \vec{x}$ の組があれば，それらを行列 A のそれぞれ固有値，固有ベクトルと呼ぶのであった．

固有値，固有ベクトルの組が存在すれば，線形写像 A の理解はずっと容易になる．2×2 行列に関しては，固有値，固有ベクトルの組は最大で 2 つ存在する．そのような場合には，2 組の固有値，固有ベクトルをそれぞれ $(\lambda_1, \vec{v}_1)$, $(\lambda_2, \vec{v}_2)$ とおくと，$\vec{v}_1, \vec{v}_2$ の向きは互いに異なっているはずだから，任意のベクトル $\vec{x}$ を，物理で学ぶ「力の分解」のやりかたで $\vec{v}_1$ 方向の成分と $\vec{v}_2$ 方向の成分とに分解できる．式で書くと，$\vec{x}$ は必ず

$$\vec{x} = s_1 \vec{v}_1 + s_2 \vec{v}_2 \qquad (1)$$

という形であらわすことができるわけである．s_1, s_2 はそれぞれ $\vec{x}$ の $\vec{v}_1$ 方向の成分の大きさ，$\vec{v}_2$ 方向の成分の大きさである．こうなればしめたもので，線形写像 A の作用が固有ベクトルの方向に限れば向きを変えずに大きさを固有値倍するに過ぎないという事実を使って，

$$\vec{y} = A\vec{x} = s_1 \lambda_1 \vec{v}_1 + s_2 \lambda_2 \vec{v}_2 \qquad (2)$$

であることがたちどころにわかる．

もう少しスマートに書き表すならば，

$$A(\vec{v}_1, \vec{v}_2) = (\lambda_1 \vec{v}_1, \lambda_2 \vec{v}_2)$$
$$= (\vec{v}_1, \vec{v}_2) \begin{pmatrix} \lambda_1 & 0 \\ 0 & \lambda_2 \end{pmatrix}$$

であるから，$V = (\vec{v}_1, \vec{v}_2)$ および

$$\Lambda = \begin{pmatrix} \lambda_1 & 0 \\ 0 & \lambda_2 \end{pmatrix}$$

とおくことによって，まず等式

$$AV = V\Lambda$$

が得られる．つぎに，式 (1) で示した $\vec{x}$ の分解は行列 V を使って

$$\vec{x} = V\vec{s}, \quad \vec{s} = \begin{pmatrix} s_1 \\ s_2 \end{pmatrix}$$

と書けるので，上で得た等式を使うと
$$\vec{y} = A\vec{x} = AV\vec{s} = V\Lambda\vec{s}$$
が成り立つことがわかる．この式は式 (2) と同値である．

多くの大学で初年次に固有値，固有ベクトルの概念を学ぶようになっているのは，これらが重要だからだが，一方でこれらはたいへん「やんちゃ」でもある．たとえば，実数の行列を考えていても固有値，固有ベクトルとして複素数のものまで考える必要が生じる場合もある[2]．また，複素数まで考えたとしても，固有ベクトルが 1 つしか存在しない場合もある[3]．いずれにせよ，これらのことは一般に複素数を成分としてもつ $n \times n$ 行列に対する議論として大学初年次で学ぶことである．本稿で主題としたいのは，行列の固有値，固有ベクトルではなく，大学初年次にはほとんど取り上げられることがないにも関わらず応用面ではより重要ではないかと思われる，特異値と呼ばれる少し違った概念についてである．

固有値，固有ベクトルの概念は，$\vec{y} = A\vec{x}$ においてベクトル $\vec{x}$ と $\vec{y}$ とが同じ空間に属している場合に有用である．しかしながら，$\vec{x}$ が属している空間と $\vec{y}$ が属している空間とが互いに異なると考えるべき場合も応用上は少なくない．特異値が活躍するのはそのような場合である．ひとつの具体例として，無線通信を考えてみよう．

私が子供のころ，一般の人にとって通信とは郵便や電話を意味していた．身近にある無線通信といえば，ラジオ，テレビなどの放送通信を除けば，おもちゃの「トランシーバー」くらいしかなかった．それが今日では，多くの人が外出時に携帯電話という名の小型高性能のコンピュータを日常的に持ち歩き，無線通信の技術によって「いつでもどこでも」通信ができるのが当たり前になっている．移動体通信にまつわ

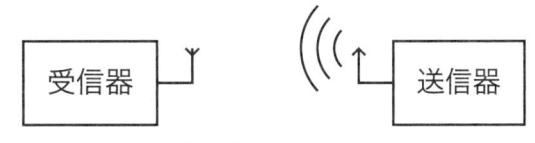

(a) 一入力一出力 (SISO) システム

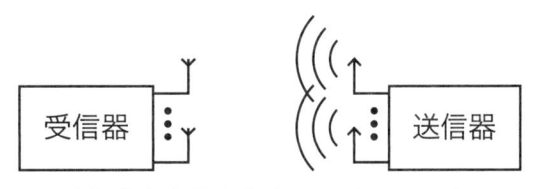

(b) 多入力多出力 (MIMO) システム

図 1: 無線通信システムの構成

る厳しい制約のもとで，より高速でより高品質な通信を実現するために，今日でも様々な基礎研究，ならびに技術開発が行われている．

今世紀に入った頃から，無線通信の世界には「ベクトル化」の波が押し寄せている．古典的な一入力一出力 (single-input single-output; SISO) システム (図 1 (a)) では，送受信器ともにそれぞれ単一のアンテナを使って通信を行うが，多入力多出力 (multiple-input multiple-output; MIMO) システム (図 1 (b)) では送受信器がそれぞれ複数のアンテナを備え，それらを活用して通信を行うことで通信の高性能化を達成する．送信器が n 個のアンテナを有し，受信器が m 個のアンテナを備えているものとし，送信器の j 番めのアンテナから送信された電波が受信器の i 番めのアンテナに届いたときに，電波の強度がどのくらい弱まっているかをあらわす係数を a_{ij} とおく．受信器の i 番めのアンテナには，送信器のすべてのアンテナからの電波が重ね合わさって届くから，送信器の j 番めのアンテナから送信される信号を x_j，受信器の i 番めのアンテナでの受信信号を y_i とおくと，
$$y_i = \sum_{j=1}^{n} a_{ij} x_j$$
である．したがって，MIMO システム全体でみたときの入出力の関係は，a_{ij} を ij 要素とする行列 A によって定義される線形写像 $\vec{y} = A\vec{x}$

---

[2] 回転をあらわす行列 $\begin{pmatrix} \cos\theta & -\sin\theta \\ \sin\theta & \cos\theta \end{pmatrix}$ などがその典型例である．

[3] 簡単な例として $\begin{pmatrix} 1 & 1 \\ 0 & 1 \end{pmatrix}$ を挙げることができる．

第 4 章 数理構造を解明する

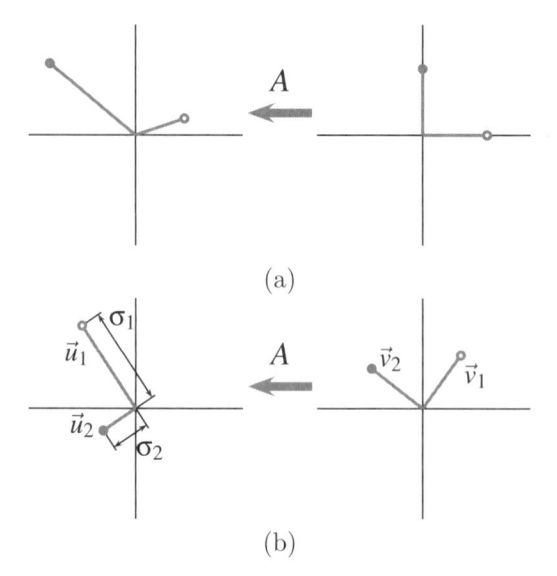

(a)

(b)

図 2: 線形写像による直交性の保存

によって数学的には記述される．行列 A は通信路行列と呼ばれる．また，$\vec{x}$ は n 個のアンテナのそれぞれから送信される電波の強度をまとめてあらわすベクトル，$\vec{y}$ は m 個のアンテナのそれぞれで受信される電波の強度をまとめてあらわすベクトルである．送受信アンテナがそれぞれ 2 つずつであれば，通信路行列 A は 2×2 行列となる．その場合でも，例えば $\vec{x} + \vec{y}$ などが通信の観点からは無意味であることからわかるように，$\vec{x}$ と $\vec{y}$ とは意味の上では違う空間に属している．

このような状況においては，ベクトルの直交性がしばしば重要な意味をもつ．互いに直交している 2 つのベクトルを線形写像することによって得られるベクトルは一般には互いに直交しない (図 2 (a))．しかし，行列 A に対して互いに直交する 2 つのベクトルをうまく選ぶと，それらを線形写像することによって得られるベクトルが互いに直交するようにできる (図 2 (b))．詳細は省略するが，直交性が保存されるということは，仮に受信された電波にノイズが重畳していたとしても，ノイズを増強してしまうことなしに複数の信号成分を互いに干渉することなく分離できることを意味している．2 つのベクトルをうまく選べば，線形写像 A によって直交性が保存されるようにできることを，実数を成分とする 2×2 行列 A について具体的に見てみよう．

2 次元ユークリッド空間における長さが 1 のベクトルは

$$\vec{e}(\theta) = \begin{pmatrix} \cos\theta \\ \sin\theta \end{pmatrix}$$

とおくことができる．θ はベクトル $\vec{e}(\theta)$ の向きを定めるパラメータである．$\vec{e}(\theta)$ と $\vec{e}(\theta + \pi/2)$ とは直交するから，内積 $\vec{e}(\theta) \cdot \vec{e}(\theta + \pi/2)$ はゼロである．また，

$$\vec{e}(\theta + \pi) = -\vec{e}(\theta) \tag{3}$$

が成り立つ．

ベクトル $\vec{e}(\theta)$ の線形写像 A による像を

$$\vec{y}(\theta) = A\vec{e}(\theta)$$

とおく．式 (3) から，

$$\vec{y}(\theta + \pi) = A\vec{e}(\theta + \pi)$$
$$= -A\vec{e}(\theta) = -\vec{y}(\theta)$$

が成り立つ．ベクトル $\vec{y}(\theta)$ と $\vec{y}(\theta + \pi/2)$ との内積

$$f(\theta) = \vec{y}(\theta) \cdot \vec{y}(\theta + \pi/2)$$

を θ の関数とみなすと，

$$f(\theta + \pi/2) = \vec{y}(\theta + \pi/2) \cdot \vec{y}(\theta + \pi)$$
$$= -\vec{y}(\theta + \pi/2) \cdot \vec{y}(\theta)$$
$$= -f(\theta)$$

が成り立つから，$\theta = 0$ から $\theta = \pi/2$ までの間に $f(\theta_x) = 0$ となるような $\theta = \theta_x$ が存在することがわかる (中間値の定理)．すなわち，互いに直交するベクトル $\vec{v}_1 = \vec{e}(\theta_x)$, $\vec{v}_2 = \vec{e}(\theta_x + \pi/2)$ の線形写像 A による像 $\vec{y}_1 = A\vec{v}_1$, $\vec{y}_2 = A\vec{v}_2$ が互いに直交することが確かめられた．

付録で詳しく見るように，実は

$$f(\theta) \propto \sin 2(\theta - \theta_x)$$

であるから，$f(\theta)$ が恒等的に 0 に等しいのでなければ，範囲 $0 \leq \theta < 2\pi$ において $f(\theta) = 0$ となる θ の値は $\pi/2$ 間隔でちょうど 4 つあり，したがって線形写像によって直交性が保存されるような 2 つのベクトルの組は本質的には一意であることがわかる．

$\vec{y}_1, \vec{y}_2$ は互いに直交するから，θ_y を適切にとって $\vec{u}_1 = \vec{e}(\theta_y), \vec{u}_2 = \vec{e}(\theta_y + \pi/2)$ とおくと，

$$\vec{y}_1 = \sigma_1 \vec{u}_1, \quad \vec{y}_2 = \sigma_2 \vec{u}_2$$

とあらわすことができる (図 2 (b))．σ_1, σ_2 はそれぞれ $\vec{y}_1, \vec{y}_2$ の長さであり，行列 A の特異値と呼ばれる．ベクトル $\vec{v}_1 = \vec{e}(\theta_x), \vec{v}_2 = \vec{e}(\theta_x + \pi/2)$ は互いに直交するから，任意のベクトル $\vec{x}$ に対して式 (1) のような分解が可能である．すると，

$$\vec{y} = A\vec{x} = s_1 \sigma_1 \vec{u}_1 + s_2 \sigma_2 \vec{u}_2 \qquad (4)$$

であることがやはりたちどころにわかる．この結果は，ベクトル $\vec{x}$ に行列 A を作用させたときの作用を，以下の 3 段階に分解して理解することができることを示している．

1. ベクトル $\vec{x}$ を $\vec{v}_1, \vec{v}_2$ 方向に分解する．
2. $\vec{v}_1, \vec{v}_2$ 方向の成分をそれぞれ σ_1 倍，σ_2 倍する．
3. $\vec{v}_1, \vec{v}_2$ が $\vec{u}_1, \vec{u}_2$ と一致するようにベクトルを回転する．

もう少しスマートな表現を得るために，$U = (\vec{u}_1, \vec{u}_2)$, $V = (\vec{v}_1, \vec{v}_2)$，および

$$\Sigma = \begin{pmatrix} \sigma_1 & 0 \\ 0 & \sigma_2 \end{pmatrix}$$

とおくと，等式
$$AV = U\Sigma$$

が得られる．さらに，$\vec{x}$ の分解 $\vec{x} = V\vec{s}$ を使うと，
$$\vec{y} = A\vec{x} = AV\vec{s} = U\Sigma\vec{s}$$

が成り立つことが示される．この式は式 (4) と同値である．

行列 U, V はそれぞれ直交行列 (各列をベクトルとしてみたときに大きさが 1 で互いに直交する) であり，Σ は特異値を対角成分としてもつ対角行列である．上の議論から等式 $A = U\Sigma V^T$ が得られるが，これを行列 A の特異値分解と呼ぶ．

無線通信の文脈では，以上のことはどのような意味をもつのか．2×2 MIMO システムでは，送信器の 2 つのアンテナから送信された電波は受信器のそれぞれのアンテナにおいて互いに干渉する．ところが，s_1, s_2 という二つの信号を送る際に，まず $\vec{x} = V\vec{s}$ を求めて x_1, x_2 を送信器の 2 つのアンテナからそれぞれ送信し，受信器側では受信信号 $\vec{y}$ を互いに直交する $\vec{u}_1, \vec{u}_2$ 方向へ分解すれば，互いに干渉することなしに s_1, s_2 を取り出すことができる．特異値分解は，このような意味をもつのである．通信路行列 A の特異値 σ_1, σ_2 は，このような通信方式の性能を決定する量として重要である．

固有値，固有ベクトルの議論と同様に，特異値の議論も 2×2 行列にとどまらず一般の大きさの行列に拡張できる．すなわち，実数を成分とする $m \times n$ 行列 A に対して，$m \times m$ 直交行列 U, $n \times n$ 直交行列 V, $m \times n$ 対角行列 Σ を適切にとることによって，$A = U\Sigma V^T$ が成り立つようにできる．これが一般の場合における行列 A の特異値分解である．行列 A の特異値は全部で $k = \min(m, n)$ 個あり，それらは対角行列 Σ の対角要素として現れる．$U = (\vec{u}_1, \vec{u}_2, \ldots, \vec{u}_m)$, $V = (\vec{v}_1, \vec{v}_2, \ldots, \vec{v}_n)$ とおくと，上の特異値分解の式は，ベクトル $\vec{x}$ に対する行列 A の作用が，まず $\vec{x}$ の $\vec{v}_1, \vec{v}_2, \ldots, \vec{v}_k$ 方向への分解，つぎにそれぞれの成分の $\sigma_1, \sigma_2, \ldots, \sigma_k$ 倍，最後に $\vec{v}_1, \vec{v}_2, \ldots, \vec{v}_k$ が $\vec{u}_1, \vec{u}_2, \ldots, \vec{u}_k$ と一致するようなベクトルの回転 (鏡映を含みうる)，という 3 段階の過程の合成によって記述されることを示している．行列 A による写像は，ベクトルの大きさだけでなく一般には向きま

(a) $m = n = 10$

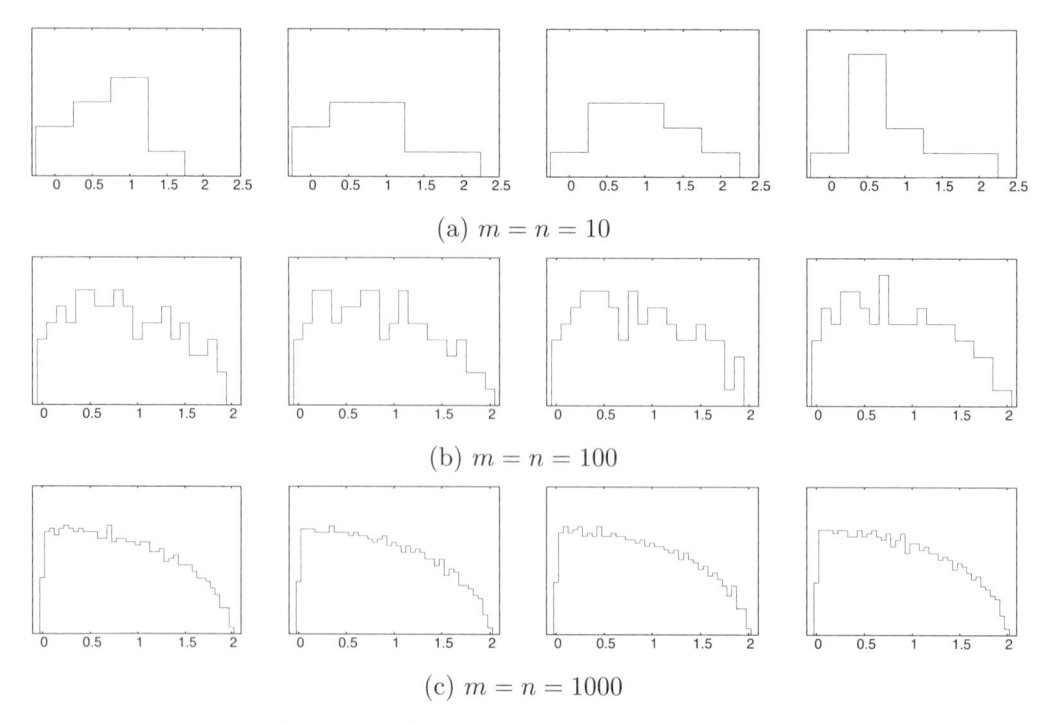

(b) $m = n = 100$

(c) $m = n = 1000$

図 3: ランダム行列の特異値のヒストグラム

で変えてしまうから複雑なのであるが，A の特異値分解は，その複雑な作用が向きに関する部分 (U, V) と大きさに関する部分 (Σ) とに分解されることを表している．

行列の特異値分解は，1873 年のベルトラミによる先駆的な業績とジョルダンによるその一般化，およびそれらの結果がシルベスターによって独立に再発見 (1889 年) されたことなどにその源流をたどることができる．いずれも 19 世紀の後半のことである．

無線通信においては，通信路行列 A は通信を行う環境から大きく影響を受け，実際に A がどのような値をとるかはそれぞれの環境において推定する必要がある．一方で，通信機器を設計する段階では「A の値はわからない」と言ってばかりもいられない．現実的な対処策として，「A はランダムである」という仮定がなされることがある．この場合，通信の性能に影響する A の特異値もランダムとなり，それらがどのような値をどのような確率でとるかが，MIMO システムにおける通信の性能を理解するうえで基本的である．

ランダム行列 A の特異値に関して，いろいろなことがわかっている．例えば，A の各要素を独立にランダムに定めたとき，特異値の分布は行列のサイズを大きくしていくにつれて徐々にランダムでなくなる傾向がある．図 3 に，$m = n$ がそれぞれ 10, 100, 1000 である行列をランダムに 4 つずつ生成し，それぞれの行列の特異値を求めてヒストグラムを示した．行列自体のランダムさを反映してヒストグラムもランダムさを示すが，そのランダムさが行列を大きくしていくにつれて消失していく様子を見ることができる．行列の大きさを無限大とする極限[4]では，特異値の分布はマルチェンコ・パストゥール則と呼ばれる分布に収束することがわかっている．上に示した $m = n$ の場合には，極限分布は原点を中心とする 1/4 円である．

ランダム行列の理論は，20 世紀の後半に大

---

[4]行列を大きくしていくと大きい特異値が出現しやすくなるので，行列の各要素の大きさを $1/\sqrt{n}$ 倍することでバランスをとり，そのうえで極限 $n \to \infty$ を考える．

きく進展した．純粋数学においてはリーマン予想との関連も議論されているが，応用に関しても無線通信だけでなく，核物理学，機械学習，ファイナンス理論などの幅広い分野にわたっている．このような応用の幅広さにも，記述の道具としての数学の汎用性が如実に現れているとみることができよう．初対面では違和感をもつかもしれない．しかし，磨き抜かれた記述の道具としての数学を身につけることで，個別の分野の垣根を軽やかに超えていくことができる．ここに数理工学の真骨頂がある，私はそう考えている．

付録: $f(\theta)$ の計算

行列 A を成分で表して
$$A = \begin{pmatrix} a & b \\ c & d \end{pmatrix}$$
とおくと，
$$\vec{y}(\theta) = A\vec{e}(\theta) = \begin{pmatrix} a\cos\theta + b\sin\theta \\ c\cos\theta + d\sin\theta \end{pmatrix}$$
であるから，
$$\vec{y}(\theta + \pi/2) = \begin{pmatrix} -a\sin\theta + b\cos\theta \\ -c\sin\theta + d\cos\theta \end{pmatrix}$$
であり，したがって
$$f(\theta) = (ab+cd)\cos 2\theta + \frac{b^2 + d^2 - a^2 - c^2}{2}\sin 2\theta$$
と計算できる．上の式に対して三角関数の合成の公式を適用すれば，θ_x を適切に定めることによって
$$f(\theta) \propto \sin 2(\theta - \theta_x)$$
という形で書けることを導くのは難しくない．したがって，関数 $f(\theta)$ は周期 π の周期関数であり，n を整数とすると $\theta = \theta_x + n\pi/2$ において値 0 をとることが直ちにわかる．

（たなか　としゆき）

⑤ 計算力学と数理
―境界要素法と高速多重極法とを通して―

西村　直志

1. はじめに

工学に現れる力学の問題は，多くの場合，偏微分方程式を何らかの条件の下で解く問題に帰着されます．例えば，自動車を考えますと，まず車体が十分な強度を持っていることを保証するために，固体力学に関わる偏微分方程式を解きます．また，タイヤの性能の検討にも固体力学の微分方程式が現れます．加えて，エンジンの中では燃料の燃焼の，車室内での静粛性を確保するためには音響の，また，車体の空気抵抗を少なくするためには流体力学の偏微分方程式を解くことが重要課題になります．その他，橋梁や建築物，航空機，船舶などで，微分方程式に帰着する問題が現れます．元来こういった力学の問題は，理論的な方法で解くか (理論力学)，微分方程式を解くのではなくて，何らかのモデル実験によって解決するか (実験力学) のいずれかの方法で取り扱われて来ました．しかし，理論力学の方法で解ける問題は限られ，何らかの簡単化を行うことが必須となっていました．実験力学は，一見，一番現実に近いように思われますが，実際にはそうではありません．例えば橋梁や航空機では実物大の模型を作ることはほとんど不可能ですので，スケールを縮小した模型を作ることになります．しかし，使う材料の特性まで自由に変えることは出来ませんので，出現する現象が実現象と同じになるような縮小モデルが作れるとは限りません．自動車の場合なら，実物と同じものを作って実験する事も可能でしょうが，それでは時間もお金もかかりすぎます．ところが，計算機が発達してきますと，これまで解けなかった偏微分方程式の複雑な問題が数値的には解けるようになって来ました．こうして工学の力学の問題を取り扱う第3の道 = 計算力学が発展してきました．最近では計算機資源の制約も次第に少なくなり，実物をまるごと，大きな簡単化の仮定を導入することなく取り扱うことも可能になって来ました．

実は，問題解決のアプローチが同じような発展を遂げてきた例は工学の力学問題に限りません．かつては理論的な方法か実験的な方法しかなかった所へ，計算機の進歩によって新たな発展がもたらされた例は自然科学の多くの分野に見られ，それらは計算科学と総称されています．計算科学は，計算機に関わる科学の諸分野である計算機科学と混同しやすいですが，全く別の分野であり，それは最初に述べた計算力学はもちろん，計算物理，計算化学等々を含むとてつもなく広大な学問分野となっています．計算科学はいわゆる可視化技術と結びつき，視覚的にも華やかですので，皆さんもいろいろな場面でその成果を目にしているはずです．しかし忘れてはいけないのは，これらの華々しい結果を背後で支えるのは，最初にも述べた偏微分方程式の数値計算法であり，さらには数値線形代数学の研究であり，その他，ありとあらゆる数値計算技術や数値解析学の理論であることです．本節ではこうした数値計算技術の一つである境界要素法 [1] と高速多重極法 [2] について解説します．

2. 計算力学の手法

工学に現れる代表的な偏微分方程式に Laplace 方程式があります．Laplace 方程式は，固体力学における弾性体の変形，流体力学におけるポテンシャル流，電磁気学における静電場，磁場，定常熱伝導，さらには地下水の水圧に至るまで，多くの分野で現れる基本的な偏微分方程式です．ここでは，簡単のために問題を 1 次元化し，常微分方程式の場合から始めます．解くべき問題は

$$\frac{d^2u}{dx^2}(x) + f(x) = 0 \quad (x \in I) \quad (1)$$
$$u(0) = \bar{u}, \quad \frac{du}{dx}(1) = \bar{g}$$

を満たす十分なめらかな関数 $u(x)$ $(x \in I)$ を求めるものです．ここに，$I=(0,1)$ であり，$f(x)$ は，与えられた十分なめらかな関数，$\bar{u}, \bar{g}$ は与えられた数です．

この問題は簡単ですので，正解がすぐに求まってしまいますが，それは一旦忘れて，一般的な方法で数値的に答えを求めることを考えてみましょう．今，区間 I を n $(n>0)$ 等分し $x_i = i/n$ $(i=0,1,\cdots,n)$ とします．関数 $u(x_i)$ の近似値を u_i とし，$f_i = f(x_i)$ とおけば (1) は

$$\frac{u_{i+1} - 2u_i + u_{i-1}}{h^2} = -f_i \quad (i=1,2,\cdots,n-1)$$
$$u_0 = \bar{u}, \quad \frac{u_n - u_{n-1}}{h} = \bar{g}$$

と近似でき，この代数方程式を $u_0, u_1, \cdots, u_n$ について解けば元の問題の近似解が得られます．このような方法を差分法といいます．

次に，(1) に $v(0)=0$ を満たす任意関数を掛け，区間 I で部分積分してみましょう．すると

$$\int_I \frac{du}{dx}(x)\frac{dv}{dx}(x)dx = \bar{g}v(1) + \int_I fv dx \quad (2)$$

を得ます．式 (2) を，問題 (1) に対する弱形式，変分方程式，重み付き残差式，仮想仕事の原理などと呼びます．今，関数 $N_i(x)$ $(i=0,1,\cdots,n)$ を図 1 のような折線関数とすると $N_i(x_j) = \delta_{ij}$

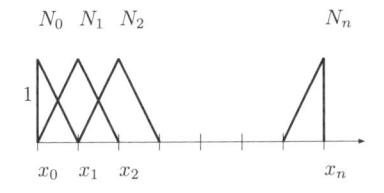

図 1 基底関数

を満たします．これを基底関数として，点 x_i で値 u_i をとる折線関数を

$$\sum_{j=0}^{n} N_j(x)u_j \quad (u_0 = \bar{u})$$

と表しましょう．これを (2) の u に代入し，$v(x) = N_i(x)$ $(i=1,2,\cdots,n)$ とすると $(i>0$ としたことに注意) u_j $(j=1,2,\cdots,n)$ に関する方程式

$$\sum_{j=1}^{n} \int_I \frac{dN_i}{dx}(x)\frac{dN_j}{dx}(x)dx\, u_j = \bar{g}\delta_{in}$$
$$+ \int_I f(x)N_i(x)dx - \int_I \frac{dN_i}{dx}(x)\frac{dN_0}{dx}(x)dx\bar{u}$$
$$(i=1,2,\cdots,n)$$

を得ます．これは u_i に関する線型方程式であり，これを解く事により元の問題の近似解が得られます．これを有限要素法といいます．

3 つ目の方法は，任意関数 v (仮定 $v(0)=0$ は外します) に対する (2) の部分積分をさらにもう一回行って得られる関係式

$$-\int_I f(x)v(x)dx - \int_I \frac{d^2v(x)}{dx^2}u(x)dx$$
$$= \bar{g}v(1) - u'(0)v(0) - u(1)v'(1) + \bar{u}v'(0) \quad (3)$$

を用います．さらに $\xi \in I$ に対して関数

$$G(x,\xi) = -\frac{|x-\xi|}{2}$$

を導入します．G は基本解と呼ばれ，

$$\frac{dG(x,\xi)}{dx} = \begin{cases} 1/2 & x<\xi \\ -1/2 & x>\xi \end{cases} \quad (4)$$

を満たします．上式両辺をもう一度 x で微分したいのですが，普通の意味では $x=\xi$ で微分できません．しかし超関数の意味では微分でき，

$$\frac{d^2G(x,\xi)}{dx^2} = -\delta(x-\xi)$$

となります．ここに $\delta(x)$ は Dirac の delta と呼ばれ，とりあえずは

$$\delta(x) = 0 \quad (x \neq 0), \quad \int_{-\infty}^{\infty}\delta(x)dx = 1$$

を満たすものだと思ってください．こういった普通の意味の関数としては認められない『関数』を数学的に矛盾なく取り扱う方法があることを，皆さんは後々学ぶ事になるでしょう．さて，$G(x,\xi)$ を (3) の $v(x)$ に『代入』すると，次式を得ます．

$$u(\xi) = -u(1)\left.\frac{dG(x,\xi)}{dx}\right|_{x=1} + \bar{u}\left.\frac{dG(x,\xi)}{dx}\right|_{x=0}$$
$$+\bar{g}G(1,\xi) - u'(0)G(0,\xi) + \int_I G(x,\xi)f(x)dx \quad (5)$$

さらに，(4) を考慮して，$\xi \to 0$ or 1 の極限移行を行うと

$$u(1) = \bar{u} + \bar{g} - 2\int_I G(x,0)f(x)dx,$$
$$u(1) - u'(0) = \bar{u} + 2\int_I G(x,1)f(x)dx \quad (6)$$

を得ます．これを未知の境界値 $u(1)$, $u'(0)$ について解き，(3) に代入すれば，元の問題が解けます．これが境界要素法ですが，1 次元問題では解析解に他なりません．

差分法，有限要素法，境界要素法は計算力学に現れる代表的な偏微分方程式の数値計算法です．これらの手法にはそれぞれの利点欠点がありますが，差分法や有限要素法が領域内部に未知数を有し，一般に未知数の数が多くなるのに対して，境界要素法は未知数が少なくなる事に注意して下さい．次節では境界要素法についてもう少し詳しく見てゆくことにします．

3. 境界要素法

前節の 1 次元の例では何が境界なのか，何が要素なのか，今ひとつ分かりにくかったかもわかりません．境界要素法の本質を理解するためには 2 次元以上の問題を考える必要があります．そこで前節で考えた 1 次元問題の 2 次元版を考えてみることにしましょう．

まず，なめらかな境界に囲まれた有界領域 D を考え，その境界を ∂D とします．考える問題は

$$\Delta u = \left(\frac{\partial^2}{\partial x_1^2} + \frac{\partial^2}{\partial x_2^2}\right)u = 0 \quad \text{in } D \quad (7)$$

$$u = \bar{u} \quad \text{on } \partial D_1, \quad \frac{\partial u}{\partial n} = \bar{g} \quad \text{on } \partial D_2 \quad (8)$$

を満たす関数 u を D 内で求めるものです．ここに $\bar{u}$ 及び $\bar{g}$ は与えられた関数です．式 (1) の 2

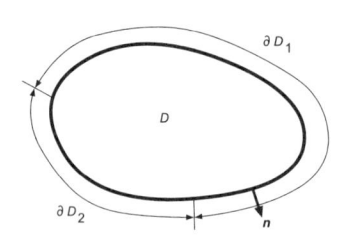

図 2　領域と境界

次元版としては (7) の右辺が 0 でない方が自然ですが，工学の多くの問題では与えられた右辺に対する特解を求めることが難しくない場合が多いので，この様にしてあります．上記の問題の解は次の表現を有します．

$$u(x) =$$
$$\int_{\partial D}\left(G(x-y)\frac{\partial u(y)}{\partial n} - \frac{\partial G(x-y)}{\partial n_y}u(y)\right)dS_y$$
$$x \in D \quad (9)$$

ここに $G(x)$ は Laplace 方程式の基本解で，

$$\Delta G(x) = -\delta(x)$$

を満たす『関数』です．2 次元の場合は

$$G(x) = -\frac{1}{2\pi}\log|x|$$

であることが知られています．式 (9) の右辺に含まれる u や $\partial u/\partial n$ は (8) で半分だけ与えられていますが，残り半分は未知です．これらを決定するには (9) において x を境界に近づけて得られる積分方程式

$$\frac{1}{2}u(x) =$$
$$\int_{\partial D}\left(G(x-y)\frac{\partial u(y)}{\partial n} - \frac{\partial G(x-y)}{\partial n_y}u(y)\right)dS_y$$
$$x \in \partial D \quad (10)$$

を離散化して数値的に解きます．式 (10) が (6) の 2 次元版です．1 次元版でははっきりしませんでしたが，境界要素法は通常積分方程式の数値解に帰着されます．

さて，積分方程式の数値計算法ですが，(10) は

G が特異性を含んでおり，やや扱いにくいので，もうちょっと簡単な次の場合を考えます．

$$\phi(x) + \lambda \int_{\partial D} K(x,y)\phi(y)dS_y = f(x) \quad x \in \partial D \tag{11}$$

ここに，$K(x,y)$ は $\partial D \times \partial D$ で定義されたなめらかな関数，$f(x)$ は ∂D で与えられたなめらかな関数，λ は定数です．$|\lambda|$ が十分小さければもちろんのこと，一般にいくつかの特別な λ を除いて，上の積分方程式を未知関数 ϕ について解くことが出来ます．

この積分方程式を数値的に解くには ∂D 上に『積分点』x_i と重み w_i $(i = 1, 2, \cdots, n)$ を取り，

$$\sum_{i=1}^{n} w_i \phi(x_i) \approx \int_{\partial D} \phi(x) dx$$

が高精度で成立つようにします．すると (11) は

$$\phi_i + \lambda \sum_{j=1}^{n} K(x_i, x_j) w_j \phi_j = f(x_i)$$
$$i = 1, 2, \cdots, n \quad (12)$$

のように離散化され，この代数方程式を ϕ_j について解けば元の積分方程式の近似解が求まります．

さて，n が大きい場合について考えてみましょう．線型方程式 (12) は n が小さいうちは Gauss の消去法のような方法でも解けますが，n が数万以上になりますと，それも難しくなってきます．そのような場合，線型方程式の反復解法が用いられます．反復解法では解の候補 ϕ_i に対して (12) の左辺を評価し，右辺との差を次第に小さくしてゆきます．その際の主要な計算は K の離散化行列と解候補 ϕ_i との積であると考えられます．一般に $K(x_i, x_j)$ は密行列ですから，行列ベクトル積の計算量は大体 $O(n^2)$ に比例します．これは 100 元の問題が 1 秒で計算出来ても 100 万元の問題では 3 年以上かかることを意味しています．一方，2 節で見た差分法や有限要素法は，係数行列のほとんどの成分は 0 であるという性質 (疎行列性) を持っています．このため，差分法や有限要素法の係数行列にベクトルを乗ずる演算は一般に未知数の数の 1 乗のオーダーの計算回数で実行出来ます．ですから，いくら境界要素法の未知数が差分法や有限要素法に比べて少ないと言っても，問題規模が大きくなるといずれ差分法や有限要素法の方が計算効率がよくなってしまいます．このため，境界要素法は一時あまり使われなくなってしまいました．

4. 高速多重極法

ところが 1985 年に鬼才 Rokhlin が提案し，1987 年の Greengard と Rokhlin の論文によって一挙に有名になった『高速多重極法』のおかげで，境界要素法は再び息を吹き返しました．以下では高速多重極法について簡単に解説します．

今，(11) の核関数 K が

$$K(x,y) = \sum_{r=1}^{p}\sum_{q=1}^{p} l_r(x-X)\kappa_{rq}(X,Y)k_q(y-Y) \tag{13}$$

の形 (退化核) であったとします．ここに p は定数です．例えば，入試問題でお馴染みの，積分領域が直線で $K(x,y) = \sin(x-y)$ の場合などがこの場合に当たりますし，一般の核関数の場合でも，例えば $K(x,y)$ の点 (X,Y) まわりの Taylor 展開を p 項で打ちきれば近似的に (13) が成り立つことが分かります．この展開をここでは核の多重極展開と呼ぶことにします．個々の問題では自然な多重極展開が存在し，それを見つけ出すことは研究者の腕の見せ所です．さて，(13) を用いると，(12) に含まれる積分の計算は

$$M_q(Y) = \sum_{i=1}^{n} k_q(x_i - Y) w_i \phi_i, \quad (q=1,2,\cdots,p)$$
$$L_r(X) = \sum_{q=1}^{p} \kappa_{rq}(X,Y) M_q(Y) \tag{14}$$
$$\sum_{r=1}^{p} l_r(x_i - X) L_r(X) \quad (i=1,2,\cdots,n) \tag{15}$$

の計算が，それぞれ，$O(pn)$ 回，$O(p^2)$ 回，$O(pn)$ 回となり，結局固定した p に対して，合計で $O(n)$ の計算量であることが分かります．M_q を多重極モーメント，L_r を局所展開係数と呼びます．

さらに，$k_q(x)$ や $l_r(x)$ はしばしば

第4章 数理構造を解明する

$$k_q(x-Y) = \sum_{r=1}^{p} C_{qr}(Y,X) k_r(x-X),$$

$$l_q(x-Y) = \sum_{r=1}^{p} D_{qr}(Y,X) l_r(x-X)$$

と言った関係を満たします．ここに $C_{qr}(Y,X)$ や $D_{qr}(Y,X)$ は係数です．例えば先ほどの $K(x,y) = \sin(x-y)$ の場合はこの様な関係があることが簡単に確かめられますし，Taylor 展開の場合は2項展開に他なりません．この場合

$$M_q(Y) = \sum_{r=1}^{p} C_{qr}(Y,X) M_r(X) \qquad (16)$$

$$L_r(X) = \sum_{q=1}^{p} D_{qr}(Y,X) L_q(Y) \qquad (17)$$

が成り立つことが分かります．式 (16), (17) をそれぞれ M2M, L2L 公式と言います．

次に，高速多重極法のアルゴリズムを説明します．高速多重極法ではまず考える境界 ∂D を内部に含む正方形を考え，これをレベル0のセルと言います．さらに各辺を2等分して得られる4つの正方形をレベル1のセルと言います．以下，∂D の点を含むセルのみを残してこれを細分割し，セ

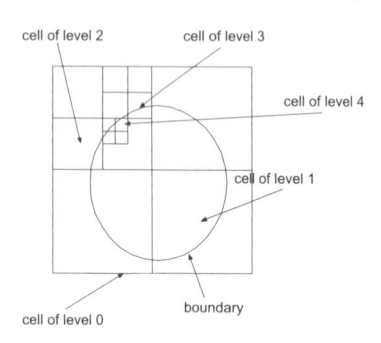

図3　セルの木構造

ルの木構造を作ります (図3)．一番細かいレベルのセルを葉と言います．高速多重極法では遠方のセルの内部にある積分点 x_i からの影響はまとめて多重極展開で評価します．その際，あるレベルのセル C から見て，遠方のセルとは，C と同レベルのセルのうち自分自身及び隣接するセル以外のものを指し，C の局所展開係数とは，C のすべての遠方セルからの影響を局所展開係数として評価したものを指します．近傍のセルの影響の評価に多重極展開を用いないのは，(13) が近似的にしか成り立たない場合の精度保証のためです．

多重極法のアルゴリズムは上向きパスと下向きパスに分かれます (図4)．まず上向きパスではす

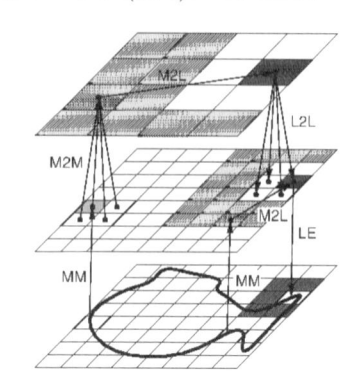

図4　上向きパスと下向きパス

べての葉において多重極モーメントを定義に従って計算します．次にセルの木構造を上向きにたどり，レベル2以下のすべてのセル中心で多重極モーメントを計算します．この際，親セルの多重極モーメントは子セルのそれを M2M 公式で原点移動した後，足し合わせて求めます．下向きパスでは，まずすべてのレベル2のセル中心で，定義に従って局所展開係数を求めます．次に木構造を下向きにたどり，すべてのセル C について局所展開係数を求めます．その際，C の親セルの局所展開係数を L2L 公式でもらってくれば，親の遠方セルの影響は評価でき，それ以外の C の遠方セルの影響は M2L で評価して加えます．その際，必要な M2L 計算の相手となるセルは多くとも 27 個 (2次元の場合) となります．こうして葉のセルに到達しますと，局所展開 (15) を計算し，葉のレベルでの近傍セルからの影響を直接評価すると積分方程式に現れる積分計算が完成します．以上が高速多重極法のアルゴリズムです．20 世紀を代表する 10 のアルゴリズムの一つとも言われ，特に下向きパスの巧妙さは特筆に値すると思います．こうして得られるアルゴリズムの計算量は，p が一定の時 $O(n)$ となり，境界要素法は差分法や有限要素法と戦うことのできるアルゴリズ

ムとしての地位を取り戻しました．

5. 高速多重極法の計算例

最近は高速多重極法を使って何十億自由度と言った解析が行われるようになっていますが，ここでは少々変わった計算例をお見せします．私どものMaxwell方程式の周期問題における研究結果で，ミミズの表皮の光学的特性に関するものです [3]．ある種の生物の表皮には周期的な構造が見られ，これに起因した特徴的な色彩が見られることがあります．これを構造色と呼び，モルフォ蝶や鳥の羽，貝殻などが有名な例です．ミミズの表皮にもそういった特徴が見られ，入射角30°程度で，青い光が見えます．ここでは，ミミズの表皮構造を円筒形ガラス繊維による周期構造としてモデル化しました．構造寸法の詳細を図5に示します．入射波長を475nmに固定して，入射角を変化させ，エネルギー透過率を求めました．数値計算結果を図6に示しています．入射角30度付近においてエネルギー透過率が小さくなっていることから，この入射角帯ではミミズ表皮の反射光に波長475nmの成分が多く含まれることが推測されます．同じような方法で，今後，例えば恐竜の色がどんなだったか分るかもしれません．

なお，この他のMaxwell方程式の周期問題に帰着される興味ある話題として，フォトニック結晶 [4] や，メタマテリアル [5] などがあります．前者は，光を自由に操るための基礎技術として期待され，後者は自然界にない不思議な物質を生み出すと言われています．

6. 結言

境界要素法と高速多重極法の解説を通して，一見派手な計算力学には，それを下支えする数理があることを見てきました．偏微分方程式や，その数値解法に興味を持ってくださる読者を得ることができたのであれば幸いです．

参考文献

[1] 小林昭一 (編著): 波動解析と境界要素法, 京都大学学術出版会, 2000

[2] N. Nishimura: Fast multipole accelerated boundary integral equation methods, Applied Mechanics Reviews, 55, 299–324, 2002

[3] 大谷佳広・西村直志, Maxwell方程式における周期多重極法のtall cell問題への拡張, 計算数理工学論文集, vol.9, pp.55–60, 2009

[4] 迫田和彰: フォトニック結晶入門, 森北, 2004

[5] 石原照也: メタマテリアル—最新技術と応用—, シーエムシー出版, 2007

（にしむら なおし）

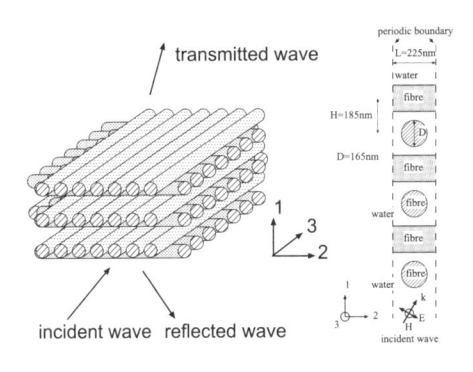

図5　ミミズの表皮構造

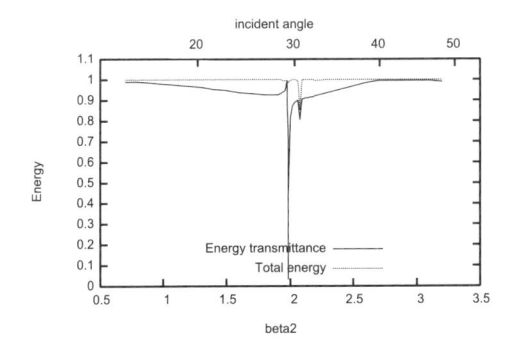

図6　エネルギー透過率

数理工学のすすめ　執筆者紹介

京都大学大学院情報学研究科

【数理工学専攻】
（教授）
中村佳正　　永持 仁　　福島雅夫　　太田快人　　岩井敏洋
（准教授）
辻本 論　　山下信雄　　鷹羽浄嗣　　五十嵐顕人
（講師）
趙 亮

【システム科学専攻】
（教授）
田中泰明　　酒井英昭　　高橋 豊
（准教授）
林 和則　　笠原正治
（講師）
大久保潤

【複雑系科学専攻】
（教授）
船越満明　　西村直志　　山本 裕
（准教授）
田中泰明　　青柳富誌生　　藤岡久也
（講師）
宮崎修次　　吉川 仁

数理工学のすすめ ―改訂3版―

2000 年 2 月 10 日	初版発行
2005 年 1 月 20 日	改訂版発行
2011 年 3 月 8 日	改訂3版発行

編 者　京都大学工学部情報学科
　　　　数理工学コース

発行所　株式会社　現代数学社

〒 606-8425　京都市左京区鹿ケ谷西寺之前町 1
TEL・FAX(075)751-0727　振替　01010-8-11144

組版印刷・牟禮印刷株式会社／製本・牟禮印刷株式会社
ISBN 978-4-7687-0260-4　　　　　　Printed in Japan